农作物病虫害识别与绿色防控丛书

葡萄主要病虫害识别与绿色防控

王恒亮　高新菊　吴绪金　主编

河南科学技术出版社
· 郑州 ·

图书在版编目（CIP）数据

葡萄主要病虫害识别与绿色防控 / 王恒亮，高新菊，吴绪金主编. —郑州：河南科学技术出版社，2024.8
ISBN 978-7-5725-1523-1

Ⅰ. ①葡… Ⅱ. ①王… ②高… ③吴… Ⅲ. ①葡萄-病虫害防治 Ⅳ. ①S436.631

中国国家版本馆CIP数据核字（2024）第097618号

出版发行：河南科学技术出版社
地址：郑州市郑东新区祥盛街27号　　邮编：450016
电话：（0371）65737028　　65788613
网址：www.hnstp.cn
策划编辑：陈淑芹　陈　艳　　编辑信箱：hnstpnys@126.com
责任编辑：陈　艳
责任校对：臧明慧
封面设计：张德琛
责任印制：徐海东
印　　刷：河南瑞之光印刷股份有限公司
经　　销：全国新华书店
开　　本：890 mm × 1 240 mm　1/32　　印张：5.25　　字数：180千字
版　　次：2024年8月第1版　　2024年8月第1次印刷
定　　价：35.00 元

《葡萄主要病虫害识别与绿色防控》

编写人员

主　　编：王恒亮　高新菊　吴绪金

副 主 编：王新媛　李国新　李　萌　陈培玉　马　欢　娄玉穗　葛胜修　王雪芹　张水林　李丽霞

编写人员：王恒亮　高新菊　吴绪金　王新媛　李国新　李　萌　陈培玉　马　欢　王雪芹　刘军利　张水林　李丽霞　王　辉　娄玉穗　邵欣欣　祖均怀　骆倩文　杨　雪　许纪东　曹　琼　生园园　魏红丽　张静丽

前 言

近年来，随着葡萄产业的发展，葡萄的病虫害问题发生严重。常见的葡萄病害有白腐病、酸腐病、炭疽病、黑痘病、灰霉病、霜霉病、白粉病、褐斑病、蔓枯病、溃疡病、锈病、穗轴褐枯病等。常见的葡萄害虫有透翅蛾、蓟马、二斑叶螨、豆蓝金龟子、双棘长蠹、十星叶甲、二星叶蝉、绿盲蝽、康氏粉蚧、虎天牛、斑潜蝇、蚜虫等。

面对种类繁多、为害严重的病虫害，基层农业技术人员和农民群众缺乏识别和诊断能力，往往错过最佳防治时机，造成不必要的经济损失。鉴于此，我们在认真总结以往经验的基础上，编撰了《葡萄主要病虫害识别与绿色防控》。本书介绍了植物病虫害的特点和一般发生规律，并详细介绍了葡萄主要病虫的为害、症状（形态）特征、发生规律及绿色防控技术，旨在为葡萄病虫害防治提供高效、安全的植保技术指导，从而实现葡萄产业的绿色高效和可持续发展。本书图文并茂、言简意赅，力求做到文字浅显易懂，直观实用，适合各葡萄产区的技术部门和各葡萄生产者参考。书中如有错误及疏漏之处，敬请广大读者批评指正。

编　者

2023 年 1 月

目录

第一部分 植物病害与识别诊断

植物在生长过程中，由于受到病原生物或不良环境条件的持续影响，正常的生理功能受到严重干扰和破坏，在生理上和外观上表现出异常，首先生理机能发生改变，进一步组织形态发生改变，使植物呈现出病态。植物发生病害后，植株内外表现出不正常的症状，包括病状和病征，及时准确地诊断识别病害，提出合适的高效防控措施，是减少病害损失的前提。植物病害分为侵染性病害和非侵染性病害两大类。

一、病害发生的原因

植物在生长发育和储藏运输过程中，受到外界不良环境因素的影响或有害生物的侵染，正常的生理机能受到破坏或干扰而引起植物病害，植物发生病害会经过生理、组织或形态上的不断变化并持续发展。

（一）植物病害的病原

病原在植物病害发生过程中起直接作用，决定病害特点与性质，引起植物病害的病原包括生物性病原和非生物性病原。生物性病原包括原生动物界的根肿菌、假菌界的卵菌、真菌界的多种真菌、细菌界的细菌和植原体、非细胞形态病毒界的病毒和类病毒、动物界的线虫及植物界的寄生性植物等。非生物性病原直接或间接引起植物病害，包括不适宜的物理、化学等非生物因素等。

（二）病害三角关系

植物病害需要有病原物、寄主植物和一定的环境条件三者配合才会发生，三者相互依存、缺一不可。任何一方的变化均会影响另外两方，这三者之间的关系称为“病害三角”或“病害三要素”。不适宜的环境条件不仅是非侵染性病害的病原，同时又是侵染性病害的重要诱因。非侵染性病害降低了寄主植物的抗病性，可促进侵染性病害的发生。植物发生侵染性病害后，可促进非侵染性病害发生。二者相互促进，往往导致病害加重。

二、病状和病征的识别

（一）病状识别

病状是发病植物在病变过程中的不正常表现，其特征比较稳定且具有特异性。常见病状可归纳为变色、坏死、腐烂、萎蔫、畸形5种类型，具体表现形式和识别要点见表1-1。

表1-1　病状的表现形式和识别要点

病状类型	表现形式	发生原因及特点
变色	褪绿	叶绿素减少，使整个植株或叶片均匀褪色而呈浅绿色
	黄化	整株或部分叶片的叶绿素很少或不能形成，形成较多叶黄素
	白化	整株或叶片不能形成叶绿素和其他色素，表现白色
	红叶	叶片的花青素积累过多而表现红色或紫红色
	银叶	叶表皮与叶肉细胞间产生空隙，叶色呈均匀银白色
	花叶	叶片色泽浓淡不均，呈镶嵌状，变色部分轮廓清晰，形状不规则
	斑驳	变色同花叶，但变色斑较大，轮廓不清晰；发生在花朵上称碎色，发生在果实上称花脸

续表

病状类型	表现形式	发生原因及特点
变色	明脉	叶肉绿色，叶的主脉与支脉褪绿呈明显半透明状
	沿脉变色	沿叶脉两侧一定宽度色泽变浅、变深或变黄色
	条纹、线纹、条点	多为单子叶植物的脉间花叶；与叶脉平行，呈长条形变色称条纹，短条形变色称线纹，虚线状变色称条点
	环斑、环纹	在植物表面形成单环或同心环状变色称环斑，不形成全环状变色称环纹
坏死	病斑（斑点）	根据颜色可分为褐斑、灰斑、黑斑、白斑和紫斑等，根据形状可分为角斑、圆斑、梭形斑、条斑和不规则形斑等，根据大小可分为大斑和小斑，根据表面花纹可分为轮纹斑、环斑和网斑
	蚀纹	叶的表皮组织出现的类似环斑、环纹或不规则线纹状坏死纹
	穿孔	叶片的局部组织坏死后脱落
	枯焦	早期发生的斑点迅速扩大或愈合成片，最后使局部或全部组织或器官死亡
	叶枯	叶片较大面积枯死、变褐
	叶烧	叶尖和叶缘大面积枯死、变褐
	日烧	由于太阳辐射而引起植株局部死亡、变褐
	疮痂	病斑上增生木栓层，表面粗糙或病斑死后生长不平衡而发生龟裂
	溃疡	木本植物的枝干皮层坏死，病部凹陷，周围木栓化组织增生，使木质部外露
	梢枯	木本植物茎的顶部坏死，多发生在枝条上
	顶尖坏死	草本植物茎的顶部坏死
	立枯	植株幼苗的茎基部组织坏死，上部表现萎蔫以至于死亡后立而不倒
	猝倒	植株幼苗的茎基部组织坏死，上部表现萎蔫以至于死亡后迅速倒伏

续表

病状类型	表现形式		发生原因及特点
腐烂	干腐		组织解体较慢，水分能及时蒸发使病部组织干缩
	湿腐		组织解体较快，水分未能及时蒸发使病部保持潮湿状态
	软腐		中胶层受到破坏，组织的细胞离析后又发生细胞的消解
萎蔫	生理性萎蔫		植物因失水量大于吸水量而引起的枝、叶萎垂，吸水量增加时可恢复
	青枯		植物因根、茎维管束组织受害而发生的全株或局部迅速失水死亡，但仍保持绿色
	枯萎		植物因根、茎维管束组织受害而发生的凋萎现象，重者枯死
	黄萎		植物因根、茎维管束组织受害而发生的凋萎现象，叶片变黄，重者枯死
畸形	增生	徒长	植株局部细胞体积增大，较正常的植株生长高大
		发根	根系分支明显增多，形如发状
		丛枝	整株茎节缩短，枝条过度分支呈扫帚状，俗称疯枝
		瘤瘿	发病组织局部细胞增生，形成不定型的畸形肿大
		矮缩	节间生长发育受阻使植株不成比例地变小、变矮
		矮化	植株各器官生长发育受阻，生长成比例地受抑制，整株矮缩而株形保持不变
	变态	卷叶	叶片两侧沿主脉平行方向向上或向下卷曲，叶片较厚，硬而脆
		缩叶	叶片沿主脉垂直方向向上或向下卷曲
		皱缩	叶脉生长受抑制，叶肉仍然正常生长，使叶片凹凸不平

续表

病状类型	表现形式		发生原因及特点
畸形	变态	蕨叶	叶片发育不均衡，细长、狭小，形似蕨类植物叶形
		花变叶	花的各部分变形、变色，花瓣变为绿色，呈叶片状
		缩果	果面凹凸不平
		袋果	果实变长呈袋状，膨大中空，果肉肥厚呈海绵状

（二）病征识别

病征是病原物在寄主植物发病部位的表现特征，由于病原物不同，病征或大或小、显著或不显著，具有各种形状、颜色和特征，只有一部分病原物引起的病害具有病征，病征是否出现及其明显程度受环境条件影响很大，但一经表现即相当稳定。常见病征可分为6种类型，具体见表1–2。

表1–2　植物病害常见病征类型

病征类型	表现形式	特点	病原物
霉状物	霜霉	生于叶片背面病斑内或茎、叶病组织上，下部较稀疏，上部密集交叉的白色至紫灰色霉状物	霜霉菌
	绵霉	在高湿条件下于病部产生的白色、疏松、棉絮状霉状物	绵疫病菌
	霉层	除霜霉和绵霉外的霉状物，按色泽不同分别称为灰霉、青霉、绿霉、黑霉和赤霉等	灰霉病菌、青霉病菌
粉状物	锈粉	病部表皮下形成隆起病斑。病斑破裂后散出铁锈状或灰白色粉末	锈菌、白锈菌
	白粉	植物表面长出灰白色绒状霉层后产生的大量白色粉末状物	白粉菌
	黑粉	在植物被破坏的组织或肿瘤内部产生的大量黑色粉末状物	黑粉菌

续表

病征类型	表现形式	特点	病原物
点状物	黑色或褐色小点	植物表皮下产生的大小、色泽和排列各不相同的点状结构，突破或不突破表皮，多为黑色或褐色，也有其他颜色	菌物的繁殖体
核状物和线状物	菌核、菌索	在植物体表或茎秆内髓腔中产生的似鼠粪、菜籽或植物根系状物，多为黑褐色	紫纹羽病菌、菌核病菌
伞状物和马蹄状物	伞状或马蹄状	植物发病的根或枝干上长出的伞状或马蹄状结构，常有多种颜色	木腐病菌
脓状物	溢脓	植物病部溢出的含有细菌菌体的脓状黏液，多呈露珠状，或散布为菌液层，白色或黄色，干燥时形成菌膜或菌胶粒	细菌性穿孔病菌

植物病害会因为植物的品种、生育期、发病部位和环境条件的不同而表现出不同的症状，多数病害的症状表现相对稳定，根据典型症状的特点区分植物病害种类，分析发生的原因，是诊断植物病害的常用方法。植物病害症状出现后，由于环境条件改变或使用农药治疗后，症状逐渐减退直至消失，出现隐症。植物病害的症状对于病害诊断有着重要意义。由于植物病害症状表现的复杂性，对新的病害或不常见的病害不能单凭症状进行诊断，需要进一步鉴定病原物。

三、生物性病原及其病害识别

（一）植物病原菌物

植物病原菌物是一类具有细胞核、无叶绿素、不能进行光合作用、异养的低等类植物。

1. 菌物的形态　菌物的形态有营养体和繁殖体两种。菌物在生长发育过程中可分为营养和繁殖两个阶段，分别形成各种形态的营养体和繁殖体。

2. 菌物的生活史　菌物的生活史指菌物的孢子经过萌发、生长和发育，最后又产生同一种孢子的过程。菌物的典型生活史包括有性阶段和无性阶段，菌物不完全生活史只有无性阶段而无有性阶段。

在菌物生活史中，有些菌物可产生几种不同类型的孢子，如在典型的锈菌生活史中可以产生5种不同类型的孢子。有些菌物单主寄生，有的菌物需要转主寄生。

3. 植物病原菌物的主要类群　植物病原菌物主要有根肿菌门菌物、卵菌门菌物、接合菌门菌物、子囊菌门菌物、担子菌门菌物、半知菌类菌物等。

（二）植物病原原核生物

原核生物是一类细胞核DNA无核膜包裹、一般由细胞膜和细胞壁或只有细胞膜包围的单细胞生物。植物病原原核生物包括有细胞壁的细菌和放线菌，以及无细胞壁但有细胞膜的植原体和螺原体。

1. 植物病原原核生物的一般性状　植物病原细菌的一般形态为球状、杆状或螺旋状，多为单生，也有双生、串生和聚生的。细菌以裂殖方式进行繁殖，其突出的特点是繁殖速率极快，在适宜的环境条件下，每20~30 min就可以裂殖1次。细菌依靠细胞膜的渗透作用直接吸收寄主体内的营养，同时分泌各种酶使不溶性物质转为可溶性物质以供其吸收利用。植物病原细菌绝大多数为好气性，少数为兼性厌气性，一般在中性偏碱的环境中生长良好。

2. 原核生物病害的特点　植物病原细菌一般在植物病株或残体上越冬，主要通过雨水飞溅、流水、昆虫、线虫、风和带病原细菌的种苗、接穗、插条、球根或土壤等进行传播。细菌不能直接侵入植物，只能通过气孔、水孔、皮孔和蜜腺等自然孔口或伤口侵入，伤口包括风雨、冰雹、冻害和昆虫所致自然伤口，以及耕作、施肥、嫁接、收获和运输形成的人为伤口。

一般细菌病害症状多为坏死、腐烂、萎蔫或畸形，变色症状较少；同时，病斑初期多有半透明水渍状或油渍状晕圈出现，后期空气潮湿时有菌脓溢出。植原体病害症状多为病株矮化、丛生、小叶或黄化。

（三）植物病毒

病毒是一种不具有细胞结构，由核酸和蛋白质或脂蛋白外壳组成的具有侵染活性的细胞内寄生病原物。多数植物病毒粒体为球状、杆状和线条状，少数为弹状、杆菌状和双联体状；还有些病毒呈丝线状，柔软不定型。植物病毒的主要成分是核酸和蛋白质，还有水分和矿物质元素等。核酸是病毒的遗传物质，主导病毒的感染、增殖、遗传和变异。病毒经过生物、化学和物理等因素的作用形成新株系后，可在粒体形状、蛋白质衣壳中氨基酸的成分、传播特性、致病力、寄主范围和致病症状的严重程度等方面发生改变，这些性状变异了的病毒增加了选育抗病毒品种和防治病毒病害的困难。

1. 植物病毒的分类与命名 类病毒是一类没有蛋白质外壳仅有单链RNA分子的寄生物，是目前已知最小的植物病原物。类病毒可以通过农具和嫁接刀具等机械接种传播。在自然界中，多数类病毒靠营养繁殖传播，有些可经种子或花粉传播。重要植物病毒及其主要性状见表1–3。

表1–3 重要植物病毒及其主要性状

病毒	传播方式	症状表现	寄主范围
菜豆金色花叶病毒（BGMV）	昆虫、机械、嫁接	黄化、曲叶、花叶、明脉、叶脉增厚、矮化	锦葵科和豆科中的蝶形亚科
黄瓜花叶病毒（CMV）	蚜虫、汁液接触、部分可种传	花叶（基本症状）、蕨叶（番茄）、坏死斑	1 000多种单子叶和双子叶植物
烟草环斑病毒（TRSV）	线虫、种子、机械	斑点、斑驳、坏死、褪绿环斑、矮化、生长点坏死	烟草、黄瓜、菜豆、苹果、李属、葡萄和天竺葵等300多种植物
马铃薯Y病毒（PVY）	蚜虫、机械、种子	花叶、皱缩、坏死条斑、明脉、斑驳、脉带、卷叶、坏死	茄科、藜科和豆科的60多种植物

续表

病毒	传播方式	症状表现	寄主范围
南方菜豆花叶病毒（SBMV）	甲虫、种子	褪绿斑驳、花叶	豆科植物，菜豆和豇豆
烟草花叶病毒（TMV）	汁液接触	花叶、明脉、疱斑、畸形	烟草、番茄和辣椒等

2. 植物病毒的传播和侵染　植物病毒是严格的细胞内专性寄生物，既不能主动离开寄主植物活细胞，也不能主动侵入寄主细胞或从植物的自然孔口侵入，除花粉传染的病毒外，植物病毒只能依靠介体或非介体传播，从传毒介体或机械损伤所造成的、不足以使细胞死亡的微伤口侵入。植物病毒的传播和侵染可分为：昆虫和螨类介体传播、线虫和菌物传播、种子和其他繁殖材料传播、嫁接传播、汁液传播（机械传播）等。

病毒通过各种方式侵入寄主植物体后，在植物体内的分布因病毒种类和寄主植物而不同。一般在植物旺盛生长的茎尖和根尖分生组织中很少含有病毒。利用病毒在植物体内分布的这个特点，将茎端进行组织培养，可以得到无病毒的植株。

3. 植物病毒病害的症状　绝大多数病毒侵入寄主植物后可以引起植物叶片不同程度的斑驳、花叶或黄化。同时，寄主植物伴随有不同程度的矮化、丛枝、卷叶、皱叶和蕨叶等症状及产量的降低。少数病毒还能在叶片或茎秆上造成局部坏死或肿瘤等增生症状；寄主植物还可以表现隐症、协生和拮抗现象或潜伏侵染等多种复杂的症状类型。

（四）植物病原线虫

1. 线虫的特征　线虫是一类低等的无脊椎动物，植物受线虫为害后表现的症状与一般病害的症状相似。同时，植物寄生线虫对植物的破坏作用主要通过分泌有毒物质和夺取营养的方式完成，与昆虫取食植物差别较大。因此，习惯上把植物寄生线虫作为病原物来研究。植物线虫绝大多数雌雄同形，呈蠕虫状，长0.2~1.0 mm，也有长达3 mm

的，宽0.015~0.035 mm。线虫无色、不分节，虫体结构较简单，体壁几乎是透明的。植物寄生线虫的口腔内都有口针，是线虫侵入寄主植物体内并获取营养的工具。线虫的生殖系统非常发达，1条线虫在一生中可产卵500~3 000个，卵通常为椭圆形。在适宜条件下，线虫完成1代一般只需3~4周，多数线虫1年可以完成多代，少数线虫1年只完成1代。

线虫一般是通过人为的传带、种苗的调运、风和灌溉水及耕作农具的携带等进行远距离传播。植物寄生线虫在土壤中有许多天敌，有寄生线虫的原生动物，有吞食线虫的肉食性线虫，有些土壤菌物菌丝体可以在线虫体内寄生。

线虫寄生植物的方式有外寄生和内寄生两种。在取食过程中线虫除分泌唾液外，有时还分泌毒素或激素类物质，造成细胞的死亡或过度生长。此外，线虫所造成的伤口常常成为某些病原菌物或细菌的侵染入口，从而给植物带来更为严重的损失；线虫还可传播病毒病。

2. 植物病原线虫的主要类群 世界上有记载的植物线虫为260多属5 700多种。重要病原线虫及其所致病害的特点见表1–4。

表1–4 重要病原线虫及其所致病害的特点

重要种类	寄主范围	所致病害的特点
鳞球茎茎线虫	300种以上植物	为害茎、块茎、球茎、鳞茎或叶片；引起坏死、腐烂、变色、畸形或肿瘤
马铃薯茎线虫	马铃薯、甘薯	薯块表皮龟裂，内部干腐、空心；茎蔓、块根发育不良，短小或畸形，严重者枯死
南方根结线虫、爪哇根结线虫	多种单子叶和双子叶园艺植物	根部形成根瘤，严重时整个根系肿胀成鸡爪状；植株生长衰退
草莓滑刃线虫、菊花叶线虫	草莓、菊花	为害植物的叶、芽、花、茎和鳞茎，引起叶片皱缩、枯斑，花畸形、死芽、茎枯、茎腐和全株畸形等
标准剑线虫、美洲剑线虫	多种单子叶和双子叶园艺植物	根尖肿大、坏死、木栓化；标准剑线虫传播葡萄扇叶病毒，美洲剑线虫传播烟草环斑病毒和番茄环斑病毒

续表

重要种类	寄主范围	所致病害的特点
长针线虫	多种单子叶和双子叶园艺植物	根部寄生，引起根尖肿大、扭曲和卷曲等畸形；有些种类传播植物病毒

四、非生物性病原及其病害识别

在植物生长发育过程中，环境中不适宜的物理因素、化学因素和空气污染、毒害及植物自身的生理缺陷或遗传性疾病等，都会导致非生物性病原引起的病害。

（一）营养失调

营养失调包括营养缺乏、各种营养间的比例失调或营养过量，可以诱使植物表现出各种病状。造成植物营养元素失调的原因有多种：一是土壤中缺乏营养元素；二是土壤中营养元素的比例不当，元素间的拮抗作用影响植物吸收；三是土壤的物理性质不适，如温度过低、水分过少、pH值过高或过低等。在大量施用化肥、农药的地块，在连续频繁的保护地栽培等情况下，土壤中大量元素与微量元素的不平衡日益突出，在这种土壤环境中生长的作物会表现出营养失调症状。土壤中某些营养元素含量过高对植物生长发育也不利，甚至会造成严重伤害。营养元素缺乏或过量症状查对表见表1–5。

表1–5　营养元素缺乏或过量症状查对表

营养元素缺乏症状	元素种类	营养元素过量症状
新叶淡绿色，老叶黄化枯焦，茎短而细；植株早衰，成熟提早，产量降低	氮（N）	茎叶暗绿色，徒长，延迟成熟；抗病力下降
新叶暗绿色，常呈红色或紫色，茎短而细；生育期延迟	磷（P）	植株变矮，叶变肥厚；成熟提早，产量降低
叶杂色或脉间失绿，叶尖及边缘先焦枯并出现坏死斑点；症状随生育期延长加重，早衰	钾（K）	引起镁缺乏症

续表

营养元素缺乏症状	元素种类	营养元素过量症状
脉间失绿，叶小簇生，坏死斑点大而普遍出现于叶脉间，最后出现于叶脉，叶厚，茎短，植株矮小；生育期延迟	锌（Zn）	褐色斑点；表现铁、锰缺乏症
叶杂色，有时呈红色，脉间明显失绿，出现清晰网状脉纹，茎细	镁（Mg）	—
新叶边缘先变褐色或干枯，初呈钩状，不易伸展，严重时茎生长点死亡；节间缩短，矮小，组织柔软；根系不发达，根尖停止伸长	钙（Ca）	表现锰、铁、硼、锌缺乏症
新叶基部浅绿色，叶扭曲、粗、脆、易碎，茎尖生长点受抑甚至死亡；节间缩短，花器发育不正常，花蕾脱落，果实发育不良；生育期延迟	硼（B）	抑制种子萌发，引起幼苗死亡；叶片变黄、枯焦，植株矮化
生长点变黄、变弱、细长，新叶黄化，失绿均匀；生育期延迟	硫（S）	—
新叶边缘缺绿或脉间失绿，缺绿组织易碎、向上弯曲，甚至凋萎	锰（Mn）	叶先端生褐色或紫褐色小斑；表现铁、钼缺乏症
新叶萎蔫、褪绿、畸形及叶尖枯死，植株纤细；双子叶植物叶片卷曲，植株凋萎，叶片易折断，叶尖呈黄绿色；果树发生顶枯，树皮开裂、流胶	铜（Cu）	根伸长停止；表现铁缺乏症
先是脉间失绿，后叶片逐渐变白，叶脉变黄，致叶片死亡	铁（Fe）	表现锰缺乏症
叶片褪绿黄化，出现橙色斑点。严重时叶缘萎蔫、枯焦坏死；阔叶植物叶缘向上卷曲呈杯状	钼（Mo）	—

（二）环境污染

空气、水源、土壤和酸雨的污染对不同植物的危害程度不同，引起的症状也不同。环境污染物种类、污染来源、敏感植物及引起的主要症状见表1-6。

表1-6　环境污染物种类、污染来源、敏感植物及引起的主要症状

污染物种类	污染来源	敏感植物	主要症状
臭氧（O_3）	空气中的光化学反应或风暴中心等	烟草、菜豆、石竹、菊花、矮牵牛、丁香、柑橘等	叶面产生褪绿及坏死斑，有时植株矮化，提前落叶
二氧化硫（SO_2）	煤和石油的燃烧、天然气工业和矿石冶炼等	豆科植物、辣椒、菠菜、南瓜、胡萝卜、苹果、葡萄、桃等	生长受抑，低浓度导致叶缘及叶脉间产生褪绿的坏死斑点，高浓度使脉间漂白
氢氟酸（HF）	铝工业、磷肥制造、钢铁厂和制砖业等	唐菖蒲、郁金香、石竹、杜鹃、桃、蚕豆和黄瓜等	双子叶植物的叶缘或单子叶植物的叶尖产生枯焦斑，病、健交界处产生红棕色条纹
过氧酰基硝酸盐（PAN）	空气中的光化学反应和内燃机的废气等	多种植物对其敏感，特别是菠菜、番茄、大丽花和矮牵牛等	叶漂白，叶背呈铜褐色
氮化物（NO_2、NO）	内燃机废气、天然气、石油或煤燃烧等	菜豆、番茄、马铃薯、杜鹃、水杉、黑杉和白榆等	幼嫩叶片的叶缘变红褐色或亮黄褐色，低浓度时只抑制植物的生长而无症状表现
氯化物（Cl_2、HCl）	精炼油厂、玻璃工业和塑胶焚化等	月季、郁金香、百日草、紫罗兰和菊花等	主要为害新叶，在叶脉间产生边缘不明显的褪绿斑，严重时，全叶变白，枯卷，脱落
乙烯（C_2H_4）	汽车废气、煤、油燃烧及后熟的果实等	石竹、东方百合、兰花、月季和金盏菊等	偏上性生长，叶片早衰，植株矮化，花、果减少

（三）药害

在植物上施用化学农药时，选用种类不当、施用方法不合理、使用时期不适宜、施用浓度过高可对植物造成伤害。

（四）肥害

化肥施用不适或施用方法不当，常常会导致肥害。脱水型肥害是因一次性施用化肥过多，或施肥后因土壤水分不足导致肥料溶液浓度过大，引起作物细胞内水分反渗透，造成作物的脱水，多表现萎蔫，似霜冻或开水烫状，轻者影响生长发育，重者全株死亡。熏伤型肥害是在气温较高时施用氨水、碳酸氢氨等肥料，产生大量氨气对作物造成的伤害，轻者使植株下部叶尖发黄、影响生长发育，重者全株枯死。烧种型肥害是施用种肥量过多，或用过磷酸钙、易挥发的碳酸氢氨，以及尿素、石灰氮等化肥拌种出现的烧种，可导致缺苗。另外，在进行叶面施肥时，使用的浓度过大，也会造成叶片烧伤。

（五）水分供应失调

植物在长期水分供应不足的情况下，营养生长受到抑制，各种器官的体积减小、质量减少和品质变劣，导致植株矮小细弱。缺水严重时，可引起植株萎蔫、叶缘焦枯等，造成落叶、落花和落果，甚至整株凋萎枯死。

土壤水分过多，会影响土温的升高和土壤的通气性，使植物根系活力减弱，甚至受到毒害，引起烂根，植株生长缓慢，下部叶片变黄、下垂，落花、落果，严重时导致植株枯死。水分供应不均或变化剧烈时，可引起根菜类、甘蓝及番茄果实开裂，或使黄瓜形成畸形黄瓜、番茄发生腐病等。

（六）气温过高或过低

高温可使光合作用迅速减弱、呼吸作用增强、糖类积累减少、生长减慢，有时使植物矮化和提早成熟；也常使植物的茎、叶、果等组织产生灼伤。保护地栽培通风散热不及时也常造成高温伤害。

低温对植物危害也很大。0 ℃以上的低温所致植物病害称冷害。一些喜温植物及热带、亚热带和保护地栽培的植物易受冷害，当气温低于10 ℃时，就会出现变色、坏死和表面斑点等常见冷害症状，木本植物则出现芽枯、顶枯。植物开花期遇到较长时间的低温也会影响结实。0 ℃以下的低温所致植物病害称冻害，主要是幼茎或幼叶出现水渍状暗褐色的病斑，之后组织逐渐死亡，严重时整株植物变黑、枯干、死亡。土温过低往往导致幼苗根系生长不良，引起瓜类等作物幼苗“沤根”，更容易遭受根际病原物的侵染。

剧烈变温对植物的影响往往比单纯的高温和低温的影响更大。如昼夜温差过大，会造成木本植物枝干发生灼伤或冻裂，这种症状常见于树干的向阳面。

（七）光照不适

光照不足通常导致植物徒长，影响叶绿素的合成和光合作用，使植株黄化、植物组织脆弱，容易发生倒伏和受到病原物的侵染。光照过强常与高温和干旱结合，引起日灼病和叶烧病。

光照长短不适宜，还可以延迟或提早长日照植物或短日照植物的开花和结实，甚至导致植物不能开花结实，给生产造成严重损失。

五、病害的发生、发展及预测

（一）影响植物病害的发生、发展的因素

植物病害的发生是寄主植物与病原在一定环境条件下相互作用的复杂过程，病原物、寄主植物和环境条件是构成植物病害并影响其发生、发展的基本因素。

1. 病原物　病原物的寄生性是病原物从寄主植物活体内获取营养物质而生存的能力，按照它们从寄主活体获得营养能力的大小，可以把病原物分为专性寄生物和兼性寄生物两种类型。

病原物的致病性是指病原物所具有的破坏寄主和引起病害的能力。致病性表现在对寄主体内养分和水分的大量掠夺与消耗，同时分泌各种酶、毒素、有机酸和生长刺激素等，直接或间接地破坏植物细胞和组织，使寄主植物发生病变。

2. 寄主植物　寄主植物在病害发生过程中为病原物提供必要的营养物质及生存场所。植物对外界环境中有害因素都有一定的抵抗和忍

耐能力，当植物的抵抗能力超过某一因素的侵害能力时，病害就不能发生。

抗病性是寄主植物抵御病原物的侵染及侵染后所造成的损害的能力，是植物与其病原物在进化过程中相互适应和选择的结果，是由植物的遗传特性决定的。不同植物对病原物表现出不同程度的抗病能力，可划分为免疫、抗病、耐病、感病、避病等类型。

3. 环境条件 环境条件是指直接或间接影响寄主及病原的一切生物和非生物条件。环境条件一方面直接影响病原物，促进或抑制其生长发育，另一方面影响寄主的生活状态及其抗病性，当环境条件有利于病原物而不利于寄主时，病害才能发生和发展。

（二）病害的侵染过程

病害的侵染过程是指从病原物与寄主接触、侵入到寄主发病的过程。侵染是一个连续性的过程，一般将侵染过程分为侵入前期、侵入期、潜育期和发病期。

1. 侵入前期 侵入前期指病原物到达寄主植物表面或附近，受到寄主分泌物的影响，向寄主运动并产生侵入结构的时期。侵入前期病原物的活动主要有被动活动和主动活动两种方式。

2. 侵入期 侵入期指病原物从侵入到与寄主建立寄生关系的时期。

病原物的侵入途径因其种类不同而异，主要有伤口侵入、自然孔口侵入和直接侵入3种途径。病原物侵入所需时间一般是很短的，植物病毒和一部分病原细菌接触寄主即可侵入。侵入所需的个体数量在不同病原物间差异很大。有些真菌、细菌、线虫等都可以借助单个接种体侵染，而有些病原物则需要一定数量的个体才能成功侵染。在影响病原物侵入的各种环境条件中，湿度最重要，会影响萌发和侵入的速度；温度影响孢子能否萌发和侵入；光照等对病原物的侵入也有一定影响。

3. 潜育期 潜育期指从病原物与寄主建立寄生关系到寄主开始表现明显症状的时期。植物病害潜育期的长短不一，潜育期的长短与病害流行有密切关系。潜育期短，在一个生长季节中重复侵染的次数就会增加，病害就容易大发生。

潜育期是病原物和寄主植物斗争最激烈的时期。一般寄主植物生长健壮，抗病力增强，潜育期相应延长。在环境条件中，温度对潜育期的影响最大，温度越接近病原物要求的最适温度，潜育期越短，反之则延长。

4. 发病期　发病期指从寄主出现症状到寄主生长期结束，甚至植物死亡为止的一段时期。发病期是病原物大量繁殖、扩大为害的时期。许多病害症状不仅表现在病原物侵入和蔓延的部位，有时还可以影响到其他部位，甚至引起整株植株的死亡。在湿度较大的条件下，大多数病原真菌和细菌引起的病害扩展速度较快，并在病部产生大量的繁殖体或营养体，造成病害大面积流行。

（三）病害的侵染循环

病害循环是指侵染性病害从一个生长季节开始发生到下一个生长季节再度发生的过程。它包括病原物的越冬和（或）越夏、病原物的传播、病原物的初侵染和再侵染等环节，切断其中任何一个环节，都能达到防治病害的目的。

1. 病原物的越冬和（或）越夏　病原物的越冬和（或）越夏是病原物在一定场所度过寄主休眠阶段保存自己的过程。不同病原物的越冬、越夏场所和方式各异。

2. 病原物的传播

（1）主动传播。如真菌的游动孢子和细菌均可借鞭毛在水中游动，线虫在土壤中蠕动，真菌外生菌丝或菌索在土壤中生长蔓延，某些真菌孢子主动向空间弹射等，由于传播距离较短，仅对病菌的传播起一定的辅助作用。

（2）被动传播。被动传播是病原物传播的主要形式，在自然因素中，以风、雨、流水、昆虫和其他动物传播的作用最大；在人为因素中，以种子和种苗的调运、农事操作和农业机械的传播最为重要。

3. 初侵染和再侵染　有些病害在一个生长季节内只有初侵染。

有些病害在一个生长季节内可以发生多次再侵染，在田间逐步扩展蔓延，由少数中心病株发展到点片发生，进一步扩展蔓延导致普遍流行。

（四）病害的流行

1. 病害流行的基本因素

（1）感病寄主植物大面积集中种植。种植感病品种是病害发生和流行的先决条件，病害在感病品种上潜育期短、病原形成繁殖体量大、病害循环周转率快（对于多循环病害），只要环境条件适宜，病害就容易流行。在农业规模经营和保护地栽培中，往往在特定的地区大面积种植单一作物甚至单一品种，特别有利于病害的传播和病原物增殖，常导致病害大流行。

（2）致病性强的病原物大量存在。当病原物致病性强、数量大时才能造成广泛的侵染。致病性强的病原物产生大量繁殖体后，必须借助有效介体和动力在短期内传播和扩散到寄主体上，才能引起病害的流行。

（3）有利于发病的环境条件。同一环境因素既影响寄主植物，同时又影响病原物。当环境条件特别是气象、土壤和耕作栽培条件有利于病原物的侵染、繁殖、传播和越冬时，则不利于寄主的抗病性。生物介体传播的病害则还需介体数量大或繁殖快。这些有利于发病的环境条件都会促进病害的发生。

2. 病害流行的主导因素 病害流行是植物群体、病原群体、环境条件和人类活动等多因素相互作用的结果，这些因素的强度或数量都各自在一定幅度内变化，从而导致病害流行程度的变化。

3. 病害流行的类型 单循环病害指在病害循环中只有初侵染而没有再侵染，或者虽有再侵染但作用很小的病害。这类病害多为种子或土壤传播的全株性或系统性病害。防治单循环病害，消灭初始菌源很重要，除选用抗病品种外，田园卫生、土壤消毒、种子清毒、拔除病株等措施都有良好的防治效果。即使当年发病很少，也应采取措施抑制菌量的逐年积累。

多循环病害指在一个生长季节中病原物能够连续繁殖多代，可以发生多次再侵染的病害。这类病害多为气流、雨水或昆虫传播的叶部病害。绝大多数是局部侵染的，寄主的感病期长，病害的潜育期短。防治多循环病害主要是种植抗病品种，采用药剂防治和农业防治措施，降低病害的增长率。

4. 病害流行的时间变化　植物病害的流行是一个发生、发展和衰退的过程。

（1）季节变化。病害流行的季节变化指在一年或一个生长季节内，病害从开始发生到严重发生或流行，再到逐渐衰退的过程。

在一个生长季节中只有一个发病高峰的病害，若最后发病达到或接近饱和（100%），寄主群体亦不再生长，如黄瓜霜霉病等，则其流行曲线为最常见的S形曲线，其流行过程可划分为始发期、盛发期和衰退期。

始发期：又称指数增长期，指从田间开始发病到发病数量（发病率或病情指数）达到0.05为止的时期。始发期病情增长慢，持续时间长，病情增长绝对数量很小，但增长速率最大。

不同的多循环病害或同一病害在不同的发病条件下，可有不同类型的季节流行曲线。如果发病后期因寄主植株抗病性增强，或气象条件不利于病害继续发展，但寄主植株仍继续生长，以至于新生枝叶发病轻，流行曲线呈单峰曲线（马鞍形），如大白菜白斑病等。有些病害在一个生长季节中由于环境变化或寄主植株阶段抗病性变化而出现两个或两个以上的高峰，形成双峰或多峰曲线。

（2）年份变化。一种病害在同一地区的流行程度和损失情况因年份而异。根据病害的流行程度和损失情况可划分为大流行、中度流行、轻度流行和不流行等类型。一种植物病害在某一区域的大流行，一般是流行的主导因素发生剧烈变化所致。

5. 病害流行的空间变化

（1）气传病害。气传病害的空间变化主要受气流和风的影响。本地初侵染源在发病初期田间会出现明显的发病中心。再侵染由发病中心向外扩展，距离和方向取决于风向和风速。空间流行过程是一个由点、片到面的传播过程。病害在田间的分布呈核心分布，但在初始菌量大、再侵染不重要时也会呈随机或均匀分布。外地初侵染源在发病初期呈随机分布或均匀分布，以后逐渐传播，普遍发病。

（2）土传病害。土传病害自然传播距离较小，主要受田间耕作和灌溉等农事活动，以及线虫等生物介体活动的影响，一般传播距离较短，有发病中心或发病带。

（3）虫传病害。虫传病害的传播距离和效能主要取决于传病昆虫介体的种群数量、活动习性与能力、病原物与介体昆虫间的相互关系。一般距离初次侵染源越近，发病越严重，以后扩展、蔓延，普遍发病。

（五）病害发生预测

寄主植物、病原物和环境条件是构成植物病害并影响其发生、发展的基本因素。菌量、气象条件、栽培条件和寄主植物的生育状况等成为预测病害流行的重要依据。

1. 根据菌量预测　单循环病害的侵染概率较为稳定，受环境条件影响较小，主要根据越冬菌量预测发病数量。多循环病害有时也可以利用菌量作为预测因子。

2. 根据气象条件预测　气传病害和多循环病害的流行受气象条件影响很大，在寄主植物与病原菌条件具备时，适宜的气象条件往往是病害流行的主导因子。有些单循环病害的流行程度取决于初侵染期间的气象条件，可以利用气象条件预测。

3. 根据菌量与气象条件预测　许多病害的流行程度主要根据越冬菌量和气象条件（主要是发病期的降水情况）来预测。病情调查预测法是通过田间普查或定点调查，在掌握发病始期及数量的基础上，结合气象（主要是降雨）预报，预测病害当年的流行程度。

4. 根据菌量、气象条件、栽培条件和寄主植物的生育状况预测
对有些病害的预测除应考虑菌量和气象因素外，还要考虑栽培条件及寄主植物的生育期和长相长势。

观测圃预测法是针对本地区为害严重的某些病害，在观测圃内种植一定数量的感病寄主和当地普遍栽培的作物品种。观测圃内的感病品种容易发病，由此可以较早地掌握病害开始发生的时期和条件，有利于及时指导大田普查。观测圃内的当地普遍栽培的品种，可以了解大田的正常病情，了解病情发展的快慢，推断病害可能发生为害的程度，作为指导防治的依据。

六、病害诊断方法

植物病害诊断是病害科学高效防治的重要依据。通过病害诊断判断植物发病原因、确定病原类型和病害种类，一般常见植物病害根据其症状特点即可判断，但在多数情况下，须按照规定的程序和要求，通过田间调查和病原鉴定等工作明确致病因素，从而做出正确诊断。

（一）田间诊断

根据植物受害发展变化的过程、症状特点和病征有无，区别是虫害、伤害还是病害。若确定是病害，再进一步通过观察病害分布情况，调查病害发生时间，对可能影响病害发生的气候、地形、地势、土质、肥水、农药和栽培管理条件等进行综合分析，根据经验或查阅有关文献对病害做出初步判断，找出病害发生的原因，诊断是侵染性病害还是非侵染性病害。

（二）症状观察

植物发生病害，应从症状等表型特征来判断病因，确定病害种类。对具有典型症状的植物病害，在田间即可做出正确诊断。对有些症状不够典型、无法直接判断的病害，应做进一步诊断。

（三）病原鉴定

不同的病原可以产生相似的症状，而相同的病原也可导致不同的症状。同时，植物的种类和环境条件也会影响症状的表现。因此，对有些病害需要进行病原物鉴定才能确诊。先通过显微镜观察、人工接种、营养诊断和治疗试验等确定病原物类型，在排除非生物性病原的可能性之后，再进行生物性病原的鉴定。生物性病原鉴定是将病原物种类与已知种类的形态特征、生物学特性和生理生化反应等进行详细比较，以确定其科学名称。

（四）确定病害的病原物

通过科赫法则（Koch's postulates）的4个步骤完成诊断与鉴定。步骤如下：

（1）一种微生物经常与某种病害有联系。

（2）从病组织中可以分离得到这种微生物。

（3）将培养的菌种接种在健康的寄主上，可诱发出与原来相同的病害。

（4）从病组织中能再分离到这种微生物。

进行上述4步鉴定工作得到确实的证据，就可以确认该微生物即为这种植物病害的病原物。但有些病原物，如病毒、类菌原体、霜霉菌、白粉菌和一些锈菌等，目前还不能在人工培养基上培养，可以采用其他实验方法来加以证明。所有侵染性病害的诊断与病原物的鉴定都必须按照科赫法则来验证。

科赫法则同样也适用于非侵染性病害的诊断，只是以某种怀疑因素来代替病原物的作用。例如，当判断是否因缺乏某种元素引起植物病害时，可以补施这种元素观察其症状是否缓解或消除，即可确认是某元素的作用。

第二部分 葡萄主要病害与防治

一、葡萄侵染性病害

（一）真菌性病害

由植物病原真菌引起的病害称为真菌性病害，占植物病害的70%~80%，一种作物上可发现几种甚至几十种真菌病害。许多真菌病害由于病菌及寄主的不同而有明显的地理分布。我国大部分葡萄产区都处在东亚季风区，夏季炎热多雨，葡萄病害较多，为害严重。

1. 白腐病

病原：白腐垫壳孢*Coniella diplodiella*（Speg.）Petrak & Sydow

症状：果梗和穗轴上发病处先产生淡褐色水浸状近圆形病斑，病部腐烂变褐色，很快蔓延至果粒，果粒变褐软烂，后期病粒及穗轴病部表面产生灰白色小粒点，湿度大时病果易脱落，病果干缩时呈褐色或灰白色僵果。枝蔓上发病，初期出现水浸状淡褐色病斑，形状不定，病斑多纵向扩展成褐色凹陷的大斑，表皮生灰白色颗粒，后期病部表皮纵裂与木质部分离，表皮脱落，维管束呈褐色乱麻状，当病斑扩及枝蔓表皮一圈时，其上部枝蔓枯死。叶片发病多发生在叶缘部，初生褐色水浸状不规则病斑，逐渐扩大略成圆形，有褐色轮纹。白腐病症状见图2-1。

发病规律：此病以分生孢子附着在病组织上越冬并能以菌丝在病组织内越冬。散落在土壤表层的病组织及留在枝蔓上的病组织，在春季条件适宜时可产生大量分生孢子。分生孢子可借风雨传播，由伤

图 2-1　白腐病症状

口、蜜腺、气孔等部位侵入，经3~5 d潜育期即可发病，并进行多次重复侵染。该病菌在28~30 ℃、空气相对湿度95%以上时适宜发生。高温、高湿多雨的季节病情严重，雨后出现发病高峰。在北方，自6月至采收期都可发病，果实着色期发病增加，暴风雨后发病出现高峰。近地面处及在土壤黏重、地势低洼和排水不良条件下病情严重。杂草丛生、枝叶密闭或湿度大时易发病。偏旺和徒长植株易发病。一切造成伤口的条件都有利于发病。果穗的部位与发病也有很大的关系。接近地面的果穗，易受越冬后病菌的侵染，同时下部通风透光差、湿度大，容易诱发病害。

防治措施：

（1）田间管理。

1）选择抗病品种：在病害经常流行的田块，尽可能避免种植感病品种，选择抗性好、品质好、商品率高的高抗和中抗品种。

2）增施有机肥：增施优质有机肥和生物有机肥，培养土壤肥力，改善土壤结构，促进植株根系发达、生长繁茂，增强抗病力。

3）升高结果部位：因地制宜采用棚架式种植，结合绑蔓和疏花疏果，使结果部位尽量提高到40 cm以上，可减少地面病原菌接触的机会，有效避免病原菌的传染发生。

4）疏花疏果：根据葡萄园的肥力水平和长势情况，结合修剪和疏花疏果，合理调节植株的挂果负荷量，避免只追求眼前取得高产的暂时利益，而削弱葡萄果树的生长优势，降低葡萄的抗病性能。

5）精细管理：加强肥水、摘心、绑蔓、摘副梢、中耕除草、雨季排水及其他病虫的防治等经常性的田间管理工作。

6）搞好田间清洁卫生：生长季节搞好田间卫生，清除田间病源污染和侵染物，结合管理勤加检查，及时剪除早期发现的病果穗、病枝，收拾干净落地的病粒，并带出园外集中处理，可减少当年再侵染的菌源，减轻病情和减缓病害的发展速度。

（2）药剂防治。

1）无公害防治：发病初期，使用相应的杀菌剂农药进行稀释喷雾，每5~7 d喷施1次，喷药次数视病情而定。

2）用药次数：在发病前使用广谱性药剂进行植株全面喷施。用药次数根据具体情况而定，一般间隔7~10 d喷施1次。

3）土壤消毒：对重病果园要在发病前用50%福美双可湿性粉剂1份、硫黄粉1份、碳酸钙1份，三药混匀后撒在葡萄园地面上，每亩撒1~2 kg，可减轻发病。

4）生长期的喷药防治：开花前后以波尔多液等保护剂为主，以后根据病情及天气情况，每隔7~15 d喷1次。第1次喷药应掌握在病害的始发期，一般在6月中旬开始，以后每隔7~10 d喷1次，连续喷3~5次，直至采果前15~20 d停止。喷药时要仔细周到，重点保护果穗。喷药后遇雨，应于雨后及时补喷。防治药剂有40%苯甲·嘧菌酯悬浮剂1 500~2 500倍液、43%氟菌·肟菌酯悬浮剂3 000~4 000倍液、50%福美双可湿性粉剂500~1 000倍液、28%井冈·嘧菌酯悬浮剂1 000~1 500倍液等。必须在发病前1周左右开始喷第1次药，以后每隔10~15 d喷1次，多雨季节防治3~4次。

2.酸腐病

症状：一是烂果，即发现有腐烂的果粒，如果是套袋葡萄，在果袋的下方有一片深色的湿润；二是有类似于粉红色的小蝇子（醋蝇，长4 mm左右）出现在烂果穗周围；三是有醋酸味；四是正在腐烂、流汁液的烂果，在果实内可以看到白色的小蛆；五是果粒腐烂后，腐烂的汁液流出，会造成汁液流过的地方（果实、果梗、穗轴等）腐烂；六是果粒腐烂后，逐渐干枯，干枯的果粒只是果实的果皮和种子。酸腐病症状见图2–2。

图 2-2　酸腐病症状

发病规律： 酸腐病通常是由醋酸细菌、酵母菌、多种真菌、果蝇幼虫等多种微生物混合引起的。严格来讲，酸腐病不是真正的一次性侵染病害，应属于二次侵染病害。首先是伤口的存在，使其成为真菌与细菌存活和繁殖的初始因素，并且引诱醋蝇来产卵。醋蝇身上有细菌的存在，爬行、产卵的过程中会传播细菌。引起酸腐病的真菌是酵母菌。首先有伤口，而后醋蝇在伤口处产卵并同时传播细菌，醋蝇卵孵化、幼虫取食同时造成腐烂，之后醋蝇指数增长，引起病害的流行。品种的混合种植，尤其是不同成熟期的品种混合种植，能增加酸腐病的发生。机械损伤（如冰雹、风、蜂、鸟等造成的伤口）或病害（如白粉病、裂果等）造成的伤口容易引来病菌和醋蝇，从而造成发病。雨水、喷灌和浇灌等造成的空气湿度过大、叶片过密、果穗周围和果穗内的高湿度会加重酸腐病的发生和为害。

防治措施：

（1）发病重的地区选栽抗病品种，尽量避免在同一果园种植不同成熟期的品种。

（2）葡萄园要经常检查，发现病粒及时摘除，集中深埋；增加果园的通透性、合理密植；在葡萄成熟期时不能灌溉。

（3）合理使用或不使用激素类药物，避免果皮伤害和裂果；合理疏粒；避免果穗过紧；合理使用肥料，尤其避免过量使用氮肥等。

（4）早期防治白粉病等病害，减少病害伤口，幼果期使用安全性好的农药，避免果皮过紧或果皮受伤等。自封穗期开始喷80%波尔多液400倍液，10 d左右喷1次，连续3次。

（5）防治药剂有双胍·咪鲜胺可湿性粉剂500~750倍液、咪鲜·抑霉唑乳油600~800倍液。

3. 炭疽病

病原：胶孢炭疽菌*Colletotrichum gloeosporioides*（Penz.）Penz. et Sacc.和尖孢炭疽菌*Colletotrichum acutatum*

症状：病菌主要为害接近成熟的果实，所以也称"晚腐病"病菌，侵害果梗和穗轴，近地面的果穗尖端果粒首先发病。果实受害后，先在果面产生针头大的褐色圆形小斑点，以后病斑逐渐扩大并凹陷，表面产生许多轮纹状排列的小黑点，即病菌的分生孢子盘。天气潮湿时涌出粉红色胶质的分生孢子团是其最明显的特征，严重时，病斑可以扩展到整个果面。后期感病时果粒软腐脱落，或逐渐失水干缩成僵果。果梗及穗轴发病，产生暗褐色长圆形的凹陷病斑，严重时使全穗果粒干枯或脱落。炭疽病症状见图2-3。

图2-3　炭疽病症状

发病规律：病原菌主要是菌丝体在树体中的一年生枝蔓中越冬。翌年春天随风雨大量传播，潜伏侵染于新梢、幼果中。待温度为20~29 ℃时，可在24 h内出现孢子。夏季葡萄着色成熟时，病害常大流行；降雨后数天易发病，天旱时病情扩展不明显，日灼的果粒容易感染炭疽病；栽培环境对炭疽病发生有明显影响，株行过密，双立架葡萄园发病重，宽行稀植园发病轻；施氮过多发病重，配合施用钾肥可减轻发病；该病先从植株下层发生，特别是靠近地面果穗先发病，后向上蔓延，沙土发病轻，黏土发病重；地势低洼、积水或空气不流通发病重。

防治措施：

（1）秋季彻底清除架面上的病残枝、病穗和病果，并及时集中烧毁，消灭越冬菌源。

（2）加强栽培管理，及时摘心、绑蔓和中耕除草，为植株创造良好的通风透光条件，同时要注意合理排灌，降低果园湿度，减轻发病程度。

（3）果穗套袋是防葡萄炭疽病的特效措施。套袋的时间宜早不宜晚，以防早期幼果的潜伏感染。尤其对于不抗病的优质鲜食葡萄实行套袋，除免于炭疽病的侵染外，还可使葡萄无农药污染，是一项很有价值的措施。

（4）6月下旬至7月上旬开始，每隔15 d喷1次药，共喷3~4次。常用药剂有20%抑霉唑水乳剂800~1 200倍液、325 g/L苯甲·嘧菌酯悬浮剂1 500~2 000倍液、30%苯甲·吡唑酯悬浮剂3 000~4 000倍液、17%唑醚·氟环唑悬浮剂800~1 200倍液。对结果母枝上要仔细喷布。

4.黑痘病

病原：葡萄痂圆孢*Sphaceloma ampelimum* de Bary

症状：

叶片：开始出现针头大红褐色至黑褐色斑点，周围有黄色晕圈。后病斑扩大呈圆形或不规则形，中央灰白色，稍凹陷，边缘暗褐色或紫色，直径1~4 mm。干燥时病斑自中央破裂穿孔，但病斑周缘仍保持紫褐色的晕圈。

叶脉：病斑呈梭形，凹陷，灰色或灰褐色，边缘暗褐色。叶脉被害后，由于组织干枯，常使叶片扭曲、皱缩。

穗轴：发病使全穗或部分小穗发育不良，甚至枯死。果梗患病会使果实干枯脱落或僵化。

果实：绿果被害，初为圆形深褐色小斑点，后扩大，直径可达2~5 mm，中央凹陷，呈灰白色，外部仍为深褐色，而周缘紫褐色似“鸟眼”状。多个病斑可连接成大斑，后期病斑硬化或龟裂。病果小而酸，失去食用价值。染病较晚的果粒，仍能长大，病斑凹陷不明显，但果味较酸。病斑限于果皮，不深入果肉。空气潮湿时，病斑上出现乳白色的黏质物，此为病菌的分生孢子团。

新梢、蔓、叶柄或卷须：发病时，初现圆形或不规则小斑点，以后呈灰黑色，边缘深褐色或紫色，中部凹陷开裂。新梢未木质化以前最易感染，发病严重时，病梢生长停滞、萎缩，甚至枯死。叶柄染病症状与新梢相似。黑痘病症状见图2–4。

图 2–4　黑痘病症状

发病规律：葡萄黑痘病的流行和降雨、空气湿度及植株幼嫩情况有密切关系，尤以春季及初夏（4~6月）雨水多少的关系最大。多雨、高湿有利于分生孢子的形成、传播和萌发侵入；同时，多雨、高湿又造成寄主幼嫩组织的迅速成长，因此病害发生严重。天旱年份或少雨地区，发病显著减轻。葡萄黑痘病的发生时期因地区而异。

中国华南地区3月下旬至4月下旬，葡萄开始萌动展叶时，温度条件已达到病菌活动的范围，又值梅雨季节，病害开始出现。6月中下旬，温度上升到28~30 ℃，经常有降雨、湿度大，植株长出大量嫩绿组织，发病达到高峰，病害潜育期在最适条件下为6~10 d。8月以后，温度超过30 ℃，雨量减少，湿度降低，组织逐渐老化，病情受到抑制，秋季如遇多雨天气，病害会再次严重发生。中国华北地区一般5月中下旬开始发病，6~8月高温多雨季节为发病盛期，10月以后，气温降低，天气干旱，病害停止发展。中国华东地区于4月上中旬开始发病，梅雨季节气温升高，多雨，湿度大，为发病盛期，7~8月高温干旱，病情受抑制，9~10月如秋雨多，病情再度发展。

防治措施：防治葡萄黑痘病应采取减少菌源、选择抗病品种、加强田间管理及配合药剂防治的综合措施。

（1）苗木消毒。葡萄黑痘病的无距离传播主要通过带病菌的苗木或插条，因此，葡萄园定植时应选择无病的苗木，或进行苗木消毒处理。常用的苗木消毒剂有以下几种。①10%~15%的硫酸铵溶液。②3%~5%的硫酸铜液。③硫酸亚铁硫酸液（10%的硫酸亚铁+1%的粗硫酸）等。方法是将苗木或插条在上述任一种药液中浸泡3~5 min，取出即可定植或育苗。

（2）彻底清园。葡萄黑痘病的初侵染主要来自病残体上越冬的菌丝体，因此，做好冬季的清园工作，减少翌年初侵染的菌源数量对减缓病情的发展有重要意义。冬季进行修剪时，剪除病枝梢及残存的病果，刮除病、老树皮，彻底清除果园内的枯枝、落叶、烂果等，然后集中烧毁。再用铲除剂喷布树体及树干四周的土面。喷药时期以葡萄芽鳞膨大，但尚未出现绿色组织时为好。过晚喷洒会发生药害，过早则效果较差。

（3）利用抗病品种。不同品种对葡萄黑痘病的抗性差异明显，葡萄园定植前应考虑当地生产条件、技术水平，选择适于当地种植、具有较高商品价值，且比较抗病的品种。

（4）加强田间管理。除搞好田间卫生、尽量减少菌源外，应抓紧田间管理的各项措施，尤其是合理的肥水管理。葡萄园定植前及每年采收后，都要开沟施足优质的有机肥料，保持强壮的树势；追肥应使用含氮磷钾及微量元素的全肥，避免单独、过量施用氮肥，平地或水田改种的葡萄园，要搞好雨后排水，防止果园积水。行间除草、摘梢绑蔓等田间管理工作都要做得勤快及时，使园内有良好的通风透光状况，降低田间温度。这些措施都利于增强植株的抗性，抑制病菌的侵染、生长和繁殖。

（5）果实套袋。套袋可避免葡萄果穗与农药的直接接触，生产绿色果品。在整穗及疏粒结束后立即开始套袋，雨季来临前结束。在雨后高温天气或阴雨连绵后突然放晴的天气不宜套袋，套袋时间以晴天为好，要避开露水、药剂未干及中午强光时段。

（6）药剂防治。该病是葡萄生产中的早期病害，喷药目标是防止幼嫩的叶、果、蔓梢发病。在搞好清园越冬防治的基础上，生长季节的关键用药时期是花前半月、落花70%~80%时和花后半月。防治药剂有75%百菌清可湿性粉剂600~700倍液、250 g/L嘧菌酯悬浮剂1 000~2 000倍液、75%肟菌·戊唑醇水分散粒剂5 000~6 000倍液、28%井冈·嘧菌酯悬浮剂1 000~1 500倍液等。喷药前如能仔细地摘除已出现的病梢、病叶、病果等则效果更佳。

5.灰霉病

病原：灰葡萄孢*Botrytis cinerea*

症状：花序、幼果感病，先在花梗、小果梗或穗轴上产生淡褐色水浸状病斑，后病斑变褐色并软腐，空气潮湿时，病斑上可产生鼠灰色霉状物，即病原菌的分生孢子梗与分生孢子。空气干燥时，感病的花序、幼果逐渐失水、萎缩，后干枯脱落，造成大量的落花落果，严重时，可整穗落光。

新梢及幼叶感病，产生淡褐色或红褐色不规则的病斑，病斑多在靠近叶脉处发生，叶片上有时出现不太明显的轮纹，后期空气潮湿时病斑上也可出现灰色霉层。不充实的新梢在生长季节后期发病，皮部呈漂白色，有黑色菌核或形成孢子的灰色菌丝块。果实上浆后感病，果面上出现褐色凹陷病斑，扩展后，整个果实腐烂，并先在果皮裂缝处产生灰色孢子堆，后蔓延到整个果实，最后长出灰色霉层。有时在病部可产生黑色菌核或灰色的菌丝块。灰霉病症状见图2-5。

图2-5　灰霉病症状

发病规律：病菌以菌核、分生孢子及菌丝体随病残组织在土壤中越冬。有些地方，病菌秋天在枝蔓或僵果上形成菌核越冬，也可以菌丝体在树皮和冬眠芽上越冬。菌核和分生孢子抗逆性很强，越冬以后，翌年春天条件适宜时，菌核即可萌发产生新的分生孢子，新老分生孢子通过气流传播到花序上，在有外渗物作营养的条件下，分生孢子很易萌发，通过伤口、自然孔口及幼嫩组织侵入寄主，实现初次侵染。

防治措施：

（1）细致修剪，剪净病枝蔓、病果穗及病卷须，彻底清除于棚外深埋，以清除病原。

（2）清扫落叶，并结合施肥，把落叶和表层土壤与肥料掺混深埋于施肥沟内。

（3）选用无滴消雾膜做设施的外覆盖材料，设施内地面全面积地膜覆盖，降低室（棚）内湿度，抑制病菌孢子萌发，减少侵染；提高地温，促进根系发育，增强树势，提高抗性；阻挡土壤中的残留病菌向空气中散发，降低发病率。

（4）注意调节室（棚）内温湿度，白天使室内温度维持在32~35 ℃，空气相对湿度控制在75%左右，夜晚室（棚）内温度维持在10~15 ℃，空气相对湿度控制在85%以下，抑制病菌孢子萌发，减缓病菌生长，控制病害的发生与发展。

（5）夏季不要撤掉棚膜（可开大顶风口与底风口），以便防止病菌借雨水传播，诱发枝蔓、叶片发病。

（6）合理施肥。施腐熟农家肥为主的基肥。在葡萄果实生长期增施磷钾肥，补施硼锌等微肥。防止偏施氮肥，植株过密而徒长，影响通风透光，降低抗性。果穗套袋，消除病菌对果穗的为害。

（7）药剂防治。可喷施30%吡唑醚菌酯悬浮剂2 500~3 500倍液、50%啶酰菌胺水分散粒剂500~1 000倍液、500 g/L氟吡菌酰胺·嘧霉胺悬浮剂1 200~1 500倍液、43%腐霉利悬浮剂800~1 200倍液、38%唑醚·啶酰菌水分散粒剂1 000~1 500倍液等。

6.霜霉病

病原：葡萄生单轴霉*Plasmopara viticola*

症状：葡萄霜霉病只为害葡萄地上部幼嫩组织，如枝蔓、叶片、花穗和果实等。

枝蔓：新梢上端肥厚、弯曲，由于形成孢子变白色，最后变褐色而枯死。如果生长初期侵染，叶柄、卷须、幼嫩花穗也出现同样症状，并最后变褐色，扭曲或干枯脱落。

叶片：病斑油浸状，半透明淡黄色至红褐色，受叶脉限制病斑呈多角形。发病4~5 d后，病斑背面形成幼嫩密集白色似霜物。发病严重时叶片提早脱落。

花穗：发病小花及花梗初现油渍状小斑点，由淡绿色变为黄褐色，病部长出白色霉层，病花穗渐变为深褐色，腐烂脱落。

果实：幼嫩的果粒高度感病，发病后果色变灰色，表面满布霜霉。果粒成熟时较少感病，老果粒发病后变褐色。霜霉病症状见图2-6。

图2-6　霜霉病症状

发病规律：中国华北地区于7~8月开始发生，9~10月为发病盛期；华东地区于5月开始发生，6月、7月和9月为发病盛期；广东于5月下旬开始发生，7月为发病盛期，秋季如遇降雨或重露，发病可延续到10月下旬至11月上旬。冷凉潮湿、多雨、多露、多雾，利于发病。地势低洼、土质黏重、雨后排水不畅、田间湿度大，发病重。水田改种的葡萄园，发病重。大量施用速效化肥，枝叶茂盛徒长，组织幼嫩，抗病力差，田间郁闭，小气候潮湿，利于发病。种植密度大，棚架过低，不重视夏季修剪，管理粗放，发病重。

防治措施：

（1）农业防治。

1）搞好田间卫生，清除病残体，减少病菌来源。生长季节或休眠季节将枯枝、落叶、病枝条、病果进行清理，集中深埋或烧毁。

2）降低果园湿度，雨季排水，使架面通风透光，改进灌溉设施，及时中耕除草，最好实行避雨栽培。

（2）药剂防治。

1）保护性杀菌剂。发现叶片有水存在，并且没有出现任何症状（病害发生之前），及时采用保护剂进行防护，可以起到事半功倍的效果，为全年的病害防治争取主动。常用药剂有1：（0.5~200）波尔多液、78%波尔·锰锌可湿性粉剂500~600倍液、80%代森锰锌可湿性粉剂500~800倍液等。以上药剂每隔10~15 d喷施1次，可有效预防病害的发生。

2）内吸性杀菌剂。如果发现叶片或果实出现霜霉病的症状，应使用内吸性杀菌剂。生产中效果优异的药剂有50%烯酰吗啉可湿性粉剂3 000~4 000倍液、80%霜脲氰水分散粒剂8 000~10 000倍液、24%精甲霜灵·烯酰吗啉悬浮剂1 000~1 250倍液、25%嘧菌酯悬浮剂1 000~1 500倍液等。以上药剂间隔期控制在7 d左右。应关注天气预报，注意轮换用药。

7.白粉病

病原：葡萄钩丝壳菌*Uncinula necator*和托氏葡萄粉孢霉*Oidium tuckeri*

症状：果实受害，先在果粒表面产生一层灰白色粉状霉，擦去白粉，表皮呈现褐色花纹，最后表皮细胞变为暗褐色，受害幼果容易开裂。叶片受害，在叶表面产生一层灰白色粉质霉，逐渐蔓延到整个叶片，严重时病叶卷缩枯萎。新枝蔓受害，初呈现灰白色小斑，后扩展蔓延使全蔓发病，病蔓由灰白色变成暗灰色，最后呈黑色。白粉病症状见图2-7。

图 2-7　白粉病症状

发病规律：病菌以菌丝体在被害组织内或芽鳞间越冬。翌年条件适宜时产生分生孢子，分生孢子借气流传播，侵入寄主组织后，菌丝蔓延于表皮外，以吸器伸入寄主表皮细胞内吸取营养。分生孢子萌发的最适温度为25~28 ℃，空气相对湿度较低时也能萌发。葡萄白粉病一般在6月中下旬开始发病，7月中旬渐入发病盛期。夏季干旱或闷热多云的天气有利于病害发生。葡萄栽植过密、枝叶过多、通风不良时有利于发病。

防治措施：

（1）清除菌源。秋后剪除病梢，清扫病叶、病果及其他病菌残体，集中烧毁。

（2）加强栽培管理。注意及时摘心绑蔓，剪除副梢及卷须，保持通风透光良好。雨季注意排水防涝，喷磷酸二氢钾等叶面肥和根施复合肥，增强树势，提高抗病力。

（3）在葡萄芽膨大而未发芽前喷29%石硫合剂水剂6~9倍液，6月开始每15 d喷1次波尔多液，连续喷2~3次进行预防；发病初期喷药防治，可喷施40%苯甲·吡唑酯悬浮剂1 500~2 000倍液、30%吡唑醚菌酯·戊菌唑水乳剂3 000~4 000倍液、25%吡唑酯·乙嘧酯微乳剂1 000~1 667倍液、30%氟环唑悬浮剂1 600~2 300倍液、30%己唑·乙嘧酚微乳剂2 000~3 000倍液、4%嘧啶核苷类抗生素水剂400倍液等。

8.褐斑病

病原：大褐斑病病原，葡萄假尾孢*Phaeoisariopsis vitis*；小褐斑病病原，座束梗尾孢*Cercospora roesleri*

症状：葡萄褐斑病主要为害植株中下部叶片。褐斑病有大褐斑病和小褐斑病2种。

大褐斑病由葡萄假尾孢菌引起，直径3~10 mm。大褐斑病主要为害叶片，侵染点发病初期呈淡褐色、不规则的角状斑点，病斑逐渐扩展，直径可达1 cm，病斑由淡褐色变褐色，进而变赤褐色，周缘黄绿色，严重时数斑连接成大斑，边缘清晰，叶背面周边模糊，后期病部枯死，多雨或湿度大时发生灰褐色霉状物。有些品种病斑带有不明显的轮纹。

小褐斑病由葡萄座束梗尾孢霉、葡萄明针尾孢霉引起，在叶片正面病斑初为褐色小点，后扩大为圆形或椭圆形褐色病斑，直径为0.2~0.6 cm，多为0.2~0.3 cm。病斑中央呈褐色至棕褐色，有稀疏的同心轮纹，病健交界部分明显，病斑边缘暗褐色，微隆起，其外缘常有水渍状环，潮湿时常在病斑中央出现灰褐色至黑褐色霉状物，似小颗粒状，此即病原菌的分生孢子梗和分生孢子。叶背病斑为椭圆形至不规则形，边缘不明显，病害发生严重时病斑常相互连合，导致叶片部分或全部变黄，提前枯死脱落。褐斑病症状见图2–8。

图2–8　褐斑病症状

发病规律：植株生长中后期雨水多时病害流行。浇水太多，田间湿度大，管理粗放，喷射赤霉素，枝叶旺长，荫蔽潮湿或生长衰弱，结果太多，黄化病严重，氮肥太多，枝叶嫩，都会促使病害加重。

防治措施：

（1）农业防治。因地制宜采用抗病品种。秋后彻底清扫果园，烧毁或深埋落叶，减少越冬病源。葡萄生长期注意排水，适当增施有机肥，增强树势，提高植株抗病力，生长中后期摘除下部黄叶、病叶，以利于通风透光，降低湿度。通过摘心、修剪、绑蔓、中耕除草等措施改善园区透光通风条件。夏季排出积水，降低周围空气湿度。多施有机肥，控制氮肥用量。保持园区清洁，尤其秋后，收集病叶集中深埋，消灭传播源。

（2）化学防治。发病初期喷1∶0.7∶200倍波尔多液、30%碱式硫酸铜悬浮剂400~500倍液、80%代森锰锌可湿性粉剂600~1 200倍液、560 g/L嘧菌·百菌清悬浮剂100~200 mL/亩或80%多菌灵可湿性粉剂800~1 000倍液。隔10~15 d喷1次，连续防治3~4次。

9.蔓枯病

病原：葡萄生小隐孢壳*Cryptosporella viticola*和葡萄生壳梭孢*Fusicoccum viticolum*

症状：葡萄蔓枯病又称蔓割病。主要为害蔓或新梢。蔓基部近地表处易染病，初病斑红褐色，略凹陷，后扩大成黑褐色大斑。秋天病蔓表皮纵裂为丝状，易折断，病部表面产生很多黑色小粒点，即病菌的子实体。主蔓染病，病部以上枝蔓生长衰弱或枯死。新梢染病，叶色变黄，叶缘卷曲，新梢枯萎，叶脉、叶柄及卷须常生黑色条斑。蔓枯病症状见图2-9。

图 2-9　蔓枯病症状

发病规律：分生孢子器或菌丝体在病蔓上越冬，翌年5~6月释放分生孢子，借风雨传播，在具水滴或雨露条件下，分生孢子经4~8 h即可萌发，经伤口或由气孔侵入，引起发病。潜育期30 d左右，后经1~2年才出现病症，因此本病一经发生，常连续2~3年。多雨或湿度大的地区及植株衰弱、冻害严重的葡萄园发病重。

防治措施：

（1）及时检查枝蔓，发现病部后，轻者用刀刮除病斑，重者剪掉或锯除，伤口用5波美度石硫合剂消毒。

（2）加强葡萄园管理，增施有机肥，疏松或改良土壤，雨后及时排水，注意防冻。

（3）可结合防治葡萄其他病害，在发芽前喷1次29%石硫合剂水剂6~9倍液。在5~6月及时喷施30%苯甲·啶氧悬浮剂30~50 mL/亩、40%苯甲·吡唑酯悬浮剂20~30 mL/亩、16%多抗霉素可溶粒剂75~85 g/亩、43%氟菌·肟菌酯悬浮剂15~25 mL/亩。

10.白纹羽病

病原：褐座坚壳菌*Rosellinia necatrix*

症状：葡萄白纹羽病也是先为害较细小的根，逐渐向侧根和主根上发展。病根表面覆盖一层白色至灰白色的菌丝层，在白色菌丝层中夹杂有线条状的菌索，被害根部皮层组织逐渐变褐腐烂后，外部的栓皮层如鞘状套于木质部外面，后期在病部长出圆形、大小如油菜籽状的黑色菌核。根部被害严重时，根际表层土壤亦可见灰白色菌丝层，有时可形成黑色小粒点，此即为病菌的子囊壳。受害严重的植株，地上部生长衰弱，最后导致全株死亡。感病植株可能很快枯死，也可能一年内慢慢枯死。迅速枯死的树，叶片仍附着在树上；逐渐枯死的树，卷须和叶片均生长衰弱、瘦小，通常是枯萎，但新梢能从基部抽出。病株很易从土内拔出。通常病株在地平线处折断。地平线以下的树皮变黑，容易脱落，在根头出现黑色的胶状溢出物。白纹羽病症状见图2-10。

图 2-10　白纹羽病症状

发病规律：引起葡萄白纹羽病的几种镰刀菌都是土壤习居菌，它们在土壤中可以长期腐生存活，而且这类病菌的寄主范围又比较广泛，并能形成厚壁孢子，对土壤中的恶劣环境及拮抗菌的抗性较强。它们不但可以潜伏于病根组织内，也能在腐朽的烂根中越冬，甚至在土壤中也能存活多年，因此，作为病菌初侵染的菌源，可从多方面而来。

镰刀菌是一种弱寄生菌，病菌必须从伤口入侵，所以生长衰弱、虫伤、机械伤、冻伤及其他损伤多的根系易受侵染，发病较多，病害发展速度较快。根部发病削弱了整个植株的生长势，长势衰弱的植株，又进一步降低了根系对病菌的抗性，这两者相互促进，加速了根病的发展和植株死亡。

该病菌主要通过雨水、灌溉流水及土壤耕作等农事活动传播。葡萄白纹羽病的发生、发展速度与果园管理水平有密切的关系。土壤耕作粗放、干旱、缺肥、盐碱化、板结、通气性不良及结果过多、果园杂草丛生等导致根系生长衰弱的种种因素，都是诱发葡萄白纹羽病发生的重要因素。

发病条件：湿润和有机质多的土壤有利于病害的发生。黏土上病害发生也多。

防治措施：

（1）加强果园管理方法。

1）增施有机肥料，每年冬前要施足充分腐熟的有机肥料，促使根系发育良好，提高根系的抗病力。

2）加强果园的排灌工作，干旱时及时灌水，雨后及时排水，以防止果园积水、根系受淹。

3）做好土壤管理，细致进行土壤耕作，加深熟土层，保持土壤通气性良好，创造有利于根系生长而不利于病菌生长发育的条件；防治地下害虫，冬季搞好防寒保护，尽可能减少根部伤口的产生。

（2）治疗病株。发现可疑病株应及时检查，及时剪除病根，根茎处的病斑可用刀刮除。刮、剪后的伤口可用1%硫酸铜液或波尔多液涂抹保护；剪、刮下的病组织，要集中烧毁。

（3）土壤消毒。为防止病害继续扩展蔓延，对发病的植株可采用药剂灌根，以杀死土壤中的病菌，使植株恢复健康。常用的土壤消毒药剂有：70%甲基硫菌灵可湿性粉剂800~1 000倍液、50%苯菌灵可湿性粉剂750~1 000倍液等，以上药剂用量为每株葡萄浇灌5 kg左右。采用此法可使病株症状消失，生长显著转旺。国外报道，苯菌灵有较好的防治效果。此外，70%甲基硫菌灵可湿性粉剂800~1 000倍液、40%五氯硝基苯粉剂1：（70~100）的药土均可作土壤消毒用。栽植前灌注药液或给病树治疗均有效。病树治疗前应掘土把病根晾出，切除病部，再用药剂喷雾，然后覆土与药液混合。病树应早发现、早治疗。

（4）铲除病株。对无法治疗或即将死亡的重病株，应及时挖除，挖后尽可能将病残根收拾干净，根周围的土壤亦应搬出园外，然后再选择无病健康的植株进行补栽。

11.溃疡病

病原：葡萄座腔菌属*Botryosphaeria* sp.

症状：葡萄溃疡病引起果实腐烂、枝条溃疡，果实出现症状是在果实转色期，穗轴出现黑褐色病斑，向下发展引起果梗干枯，致使果实腐烂脱落，有时果实不脱落，逐渐干缩；在田间还观察到大量当年生枝条出现灰白色梭形病斑，病斑上着生许多黑色小点，横切病枝条维管束变褐色；有时叶片上也表现症状，叶肉变黄色呈虎皮斑纹状；有的枝条病部表现红褐色区域，尤其是分枝处比较普遍。溃疡病症状见图2–11。

图 2-11 溃疡病症状

发病规律：病原菌可以在病枝条、病果等病组织上越冬越夏，主要通过雨水传播，树势弱容易感病。

防治措施：

（1）及时清除田间病组织，集中销毁。

（2）加强栽培管理，严格控制产量，合理肥水，提高树势，增强植株抗病力；棚室栽培的要及时覆盖薄膜，避免葡萄植株淋雨。

（3）拔除死树，对树体周围土壤进行消毒；用健康枝条留种条，禁用病枝条留种条。

（4）剪除病枝条及剪口涂药：剪除病枝条统一销毁，对剪口进行涂药，可用杀菌剂加入黏着剂等涂在伤口处，防止病菌侵入。常用药剂有：33.5%喹啉铜悬浮剂1 000~1 250倍液、36%春雷・喹啉铜悬浮剂2 000~3 000倍液、47%春雷・王铜可湿性粉剂500~750倍液、100亿芽孢/g枯草芽孢杆菌可湿性粉剂60~70 g/亩。

12.大房枯病

病原：葡萄囊孢壳菌*Physalospora baccae*和葡萄房枯大茎点霉*Macrophoma faocida*

症状：叶片发病开始呈现褐色、近圆形、直径1~1.5 cm的病斑，而后发生同心轮纹，发病部位和健康部位的边界明显。病斑逐渐变灰褐色，并长出黑色小粒点。每枚叶片病斑数个至十多个不等，严重时病斑融合，沿叶脉扩大成大型病斑，后期引起落叶。叶柄发病出现椭圆形暗褐色、内部呈褐色、边缘黑褐色、稍凹陷的病斑。新梢发病最初出现轮廓不清的暗褐色斑点，后呈椭圆形、大小约1 mm × 0.5 mm的水浸状暗褐色病斑。随后凹陷，病斑扩展成纺锤形至椭圆形，大小约5 cm × 2 cm，暗褐色至黑褐色。发病部位和健康部位的边界呈浅褐色、浸润状，边缘不明显。病斑内散生小黑点，后期病斑龟裂。2年生以上枝蔓不形成病斑。果粒发病以靠近果梗部分为多。未成熟果粒呈现暗褐色至黑褐色圆形病斑，有重轮纹，发病部位和健康部位的边界明显。病部逐渐凹陷，内部出现黑色小粒点，即分生孢子盘，散生。着色后病斑呈暗赤褐色，后变褐色，可占大部分果面，穗轴、穗梗也会发病。大房枯病症状见图2-12。

图2-12　大房枯病症状

发病规律：温度在0~35 ℃时均可侵染，而最适侵染温度为25~30 ℃。高温、潮湿、多雨是病害流行的基本条件。

防治措施：

（1）科学修剪，适量留枝，合理负载，维持健壮长势，改善田间光照条件，降低小气候的空气湿度。

（2）深翻改土，加深活土层，促进根系发育；增施有机肥料、磷肥、钾肥与微量元素肥料；适当减少速效氮素肥料的用量，提高植株本身的抗病能力。

（3）铲除越冬病原。细致修剪，剪净病枝、病果穗及卷须；深埋落叶，及时清除病残体，进行深埋或烧毁。

（4）选用无滴消雾膜覆盖设施，设施内地面全面积地膜覆盖，并注意通风排湿，降低设施内空气湿度，使空气相对湿度控制在80%以下，抑制孢子萌发，减少侵染。

（5）果穗套袋，消除病菌对果穗的侵染。

（6）注意排水防涝，严禁夏季田间积水或地湿沤根，以免诱发植株衰弱，引起病害发生。

（7）药剂可选用80%代森锰锌可湿性粉剂500~800倍液、75%百菌清可湿性粉剂600~700倍液等。

13.锈病

病原：葡萄锈菌*Phakopsora ampelopsidis*

症状：葡萄锈病主要存在于植株中下部叶片。该病症初期会使叶面出现零星单个小黄点，周围水浸状，之后病变叶片的背面形成橘黄色夏孢子堆，逐渐扩大，沿叶脉处较多。夏孢子堆成熟后破裂，散出大量橙黄色粉末状夏孢子，布满整个叶片，致叶片干枯或早落。秋末病斑变为多角形灰黑色斑点形成冬孢子堆，表皮一般不破裂。偶见叶柄、嫩梢或穗轴上出现夏孢子堆。锈病症状见图2–13。

图2–13　锈病症状

发病规律：葡萄锈菌在寒冷地区以冬孢子越冬，初侵染后产生夏孢子，夏孢子堆裂开散出大量夏孢子，通过气流传播，叶片上有水滴及适宜温度，夏孢子长出芽孢，通过气孔侵入叶片。菌丝在细胞间蔓延，以吸器刺入细胞吸取营养，后形成夏孢子堆。潜育期约1周，在生长季适宜条件下多次进行侵染，至秋末又形成冬孢子堆。在热带和亚热带，夏孢子堆全年均可发生，周而复始，以夏孢子越夏或越冬。有雨或夜间多露的高温季节利于锈病发生，管理粗放且植株长势差，易发病，山地葡萄较平地发病重。各品种间对锈病抗性差异大。

防治措施：

（1）清洁葡萄园，加强越冬期防治。秋末冬初结合修剪，彻底清除病叶，集中烧毁。枝蔓上喷洒29%石硫合剂水剂6~9倍液。

（2）结合园艺性状选用抗病品种。

（3）加强葡萄园管理。每年入冬前都要认真施足优质有机肥，果实采收后仍要加强肥水管理，保持植株长势，增强抵抗力，山地果园保证灌溉，防止缺水缺肥。发病初期适当清除老叶、病叶，既可减少田间菌源，又有利于通风透光，降低葡萄园湿度。

（4）药剂防治。15%三唑酮可湿性粉剂60~80 g/亩、22.5%啶氧菌酯悬浮剂1 200~2 000倍液、25%粉唑醇悬浮剂20~24 mL/亩、30%氟环唑悬浮剂25~30 mL/亩等。隔15~20 d喷施1次，防治1~2次。

14.穗轴褐枯病

病原：葡萄生链格孢霉*Alternaria viticola*

症状：葡萄穗轴褐枯病主要为害葡萄果穗幼嫩的穗轴组织。发病初期，先在幼穗的分枝穗轴上产生褐色水浸状斑点，迅速扩展后致穗轴变褐坏死，果粒失水萎蔫或脱落。

幼小果粒染病仅在表皮上生直径2 mm的圆形深褐色小斑，随果粒不断膨大，病斑表面呈疮痂状。果粒长到中等大小，病痂脱落，果穗也萎缩干枯。穗轴褐枯病症状见图2–14。

图2–14　穗轴褐枯病症状

发病规律：病菌以分生孢子在枝蔓表皮或幼芽鳞片内越冬，翌年春季幼芽萌动至开花期分生孢子侵入，形成病斑后，病部又产出分生孢子，借风雨传播，进行再侵染。人工接种，病害潜育期仅2~4 d。该菌是一种兼性寄生菌，侵染取决于寄主组织的幼嫩程度和抗病力。若早春花期低温多雨，幼嫩组织（穗轴）持续时间长，木质化缓慢，植株瘦弱，病菌扩展蔓延快，随穗轴老化，病情渐趋稳定。老龄树一般较幼龄树易发病，肥料不足或氮磷配比失调者病情加重；地势低洼、通风透光差、环境郁闭时发病重。品种间抗病性存有差异。高抗品种有龙眼、玫瑰露、康拜尔、密而紫，玫瑰香则几乎不发病。其次有北醇、白香蕉、黑罕等品种。感病品种有红香蕉、红香水、黑奥林、红富士、巨峰等。

防治措施：

（1）选用抗病品种。

（2）结合修剪，搞好清园工作，清除越冬菌源。葡萄幼芽萌动前喷29%石硫合剂水剂6~9倍液1~2次保护鳞芽。

（3）加强栽培管理。控制氮肥用量，增施磷钾肥，同时搞好果园通风透光、排涝降湿。

（4）药剂防治。葡萄开花前后喷75%百菌清可湿性粉剂600~700倍液、70%代森锰锌可湿性粉剂437~700倍液、40%克菌丹悬浮剂400~600倍液、50%异菌脲可湿性粉剂1 000~1 250倍液。在开始发病时或花后4~5 d，喷洒300 g/L醚菌·啶酰菌悬浮剂1 000~2 000倍液、20%丙硫唑悬浮剂1 600~2 000倍液、12%苯甲·氟酰胺悬浮剂1 000~2 000倍液，可加强穗轴木质化，减少落果。

（二）细菌性病害

细菌性病害是由病原细菌侵染所致的病害，侵染植物的细菌可通过自然孔口（气孔、皮孔、水孔等）和伤口侵入，借流水、雨水、昆虫等传播，在病残体、种子、土壤中过冬，在高温高湿条件下容易发病。细菌性病害症状表现为萎蔫、腐烂、穿孔等，发病后期遇潮湿天气，在病害部位溢出黏液，是细菌病害的特征。

1.根癌病

病原：土壤杆菌属*Agrobactium* spp.

症状：是一种毁灭性细菌病害，葡萄根癌病的典型症状是形成肿瘤。该病的病原菌主要存活在病残体或土壤中，通过伤口侵入植物体内，由木质部进行传输到达植物细胞，使细胞产生过量的生长激素，从而形成瘤状物。葡萄幼苗期，在嫁接部位可形成大小不一的瘤状物，初期为黄豆粒大小，外皮绿色，随着瘤状物逐渐膨大呈现直径数厘米的球形，表面粗糙内部组织逐渐木质化，后期颜色变为褐色或深褐色。随着葡萄树龄的增加，除主干外，瘤状物可出现在主枝、侧枝和结果母枝上。此外，根癌病病原菌可破坏葡萄植株根冠对水和矿物质的吸收，影响植株形成层和维管束对营养的运输，导致植株营养不良，枝梢干枯，严重时可导致藤蔓死亡。根癌病症状见图2-15。

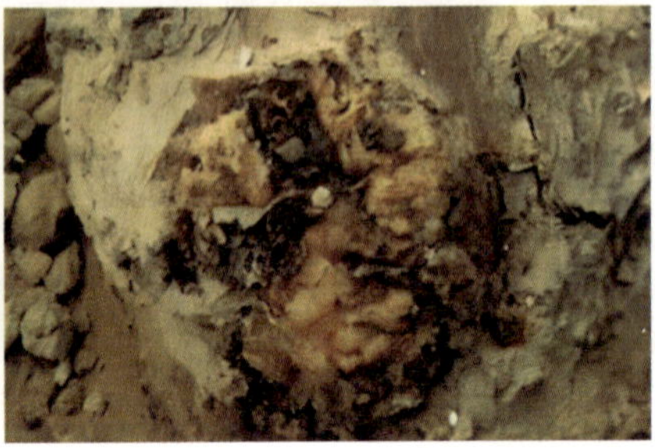

图2-15　根癌病症状

发病规律：根癌病由土壤杆菌属细菌所引起。该种细菌可以侵染多种果树，病菌随植株病残体在土壤中越冬，条件适宜时，通过剪口、机械伤口、虫伤、雹伤及冻伤等各种伤口侵入植株，雨水和灌溉水是该病的主要传播媒介，苗木带菌是该病远距离传播的主要方式。细菌侵入后，刺激周围细胞加速分裂，形成癌瘤。病菌的潜育期为几周至一年以上，一般5月下旬开始发病，6月下旬至8月为发病的高峰期，9月以后很少形成新瘤，温度适宜，降雨多，湿度大，癌瘤的发生量也大；土质黏重，地下水位高，排水不良及碱性土壤发病重。起苗定植时伤根、田间作业伤根及冻害等都能助长病菌侵入，尤其冻害往往是葡萄感染根癌病的重要诱因。

防治措施：

（1）繁育无病苗木。繁育无病苗木是预防根癌病发生的主要途径。一定要选择未发生过根癌病的地块做育苗苗圃，杜绝在患病园中采取插条或接穗。在苗圃或初定植园中，发现病苗应立即拔除并挖净残根集中烧毁，同时用1%硫酸铜溶液消毒土壤。

（2）苗木消毒处理。在苗木或砧木起苗后或定植前将嫁接口以下部分用1%硫酸铜浸泡5 min，再放于2%石灰水中浸泡1 min，或用3%次氯酸钠溶液浸泡3 min，以杀死附着在根部的病菌。

（3）加强田间管理。在田间发现病株时，可先将癌瘤切除，然后抹石硫合剂渣液、福美双等药液，也可用96%硫酸铜消毒后再涂波尔多液，对此病均有较好的防治效果。

（4）加强栽培管理。多施有机肥料，适当施用酸性肥料，改良碱性土壤，使之不利于病菌生长。农事操作时防止伤根。田间灌溉时合理安排病区和无病区排灌水的流向，以防止病菌传播。

（5）生物防治。内蒙古自治区农牧业科学院园艺研究所由放射土壤杆菌MI15生防菌株生产出农杆菌素和中国农业大学研制的E76生防菌素稀释液，能有效地保护葡萄伤口不受致病菌的侵染。其使用方法是将葡萄插条或幼苗浸入MI15农杆菌素或E76生防菌素稀释液中30 min或喷雾即可。

2.皮尔斯病

病原： *xylella fastidiosa*

症状： 葡萄皮尔斯病明显的症状是出现焦叶或干叶，在单蔓或很少的蔓上发生。患株通常发芽较晚。症状出现后，植株状况迅速恶化，当症状明显时，患株生长逐渐衰弱。皮尔斯病对患株是致命的，据报道病株寿命只有一至数年。皮尔斯病的症状容易同水分供应失常引起的现象混淆，而且与根朽病、弯孢壳枝枯病所引起的症状相似。皮尔斯病症状见图2–16。

发病规律： 皮尔斯病是由吸食木质部养分的害虫所传播，此病害一般在夏末和初秋进行症状观察和监测。

防治措施： 使用25%噻虫嗪水分散粒剂4 000~5 000倍液喷雾施药

图 2-16　皮尔斯病症状

后，可被作物根或叶片迅速内吸，并传导至植株各部位。建议与其他作用机制的杀虫剂轮换使用。可使用20%吡虫啉可溶剂5~10 mL/亩在害虫幼虫、若虫始盛期叶面喷雾。

（三）病毒性病害

由植物病毒寄生引起的病害。植物病毒必须在寄主细胞内营寄生生活，专一性强，某一种病毒只能侵染某一种或某些植物。但也有少数为害广泛；如烟草花叶病毒和黄瓜花叶病毒。一般植物病毒只有在寄主活体内才具有活性；仅少数植物病毒可在病株残体中保持活性几天、几个月甚至几年，也有少数植物病毒可在昆虫活体内存活或增殖。植物病毒在寄主细胞中进行核酸（RNA或DNA）和蛋白质外壳的复制，组成新的病毒粒体。植物病毒粒体或病毒核酸在植物细胞间转移速度很慢，而在维管束中则可随植物的营养流动方向而迅速转移，使植物周身发病。

蚜虫、根结线虫是植物病毒的主要传播者。有的种类只传播一种病毒，有的可传播多种病毒。高温、干旱、蚜虫为害重、植株长势弱、重茬等，易引起该病的发生，可通过摩擦、打杈等作业时接触传播，也可通过蚜虫、机械传播。

1.扇叶病

病原：葡萄扇叶病毒

症状：本病又称侵染性退化症。该病会侵染相对独立的葡萄植株，以感染的病株为中心，逐步向外扩展。由于不同的葡萄品种不同株系和不同环境条件的差异，使得病毒症状变化较大。综合各种症状表现，大致可将其分为三种类型：

（1）扇叶形：由变形病毒株系引起。植株生长弱小，叶片出现不对称变形和扭曲，叶片的变形有时会伴随着斑驳。葡萄的新梢随着发生病变，具体的症状为枝条出现不自然的分枝、出现多个芽、枝条节长度不同或弯曲及带化等。果实小而少，果穗不紧凑，果实成熟时期不一致。夏季的植株在叶片上的症状不明显。常见于巨峰等品种上。

（2）黄化形：有研究认为黄化形是由不正常产生色素的葡萄植株形成的。植株于开春后表现出叶片褪绿并伴随黄化的现象，整个葡萄植株生长过程中，病毒会感染植株的所有器官和组织，包括叶、花等。葡萄叶片的颜色随之变化，会表现出褪绿斑、环型斑等各种斑驳化现象。

（3）镶脉形：传统说法认为是产生色素的病毒株系引起的病变，在夏季表现显症，沿着叶片的主脉开始变黄， 随后向叶脉间扩散，叶片轻度畸形、变小。同时为害葡萄枝蔓，枝条分枝不正常，枝条节间长度短，病株生长弱小。果实果粒较小，风味变淡，常出现于巨峰等品种上。扇叶病症状见图2-17。

图 2-17　扇叶病症状

发病规律：在同一葡萄园内或邻近葡萄园之间的病毒传播，主要以线虫为媒介。有两种剑线虫可传毒，即标准剑线虫和意大利剑线虫，尤以标准剑线虫为主，这种线虫的自然寄主较少，只有无花果、桑树和月季花，而这些寄主对扇叶病毒都是免疫的，不表现症状，扇叶病毒存留于自生自长的植物体和活的残根上，这些病毒构成重要的侵染源。长距离的传播，主要是通过感染插条、砧木的转运所造成的。

防治措施：

（1）定苗前施足充分腐熟的有机肥，生根期根据植株长势合理追肥，合理修剪、负载，增强树体的抗病毒能力。

（2）选不带病毒的健壮苗木，及时剔除染毒的可疑苗。

（3）葡萄园发现有病株时，对病株根际土壤使用杀线虫剂处理。病株率不高时要果断刨除发病株，将之烧毁。

（4）对有线虫发生的地区，栽树前进行土壤熏蒸处理。

（5）及时防治各种害虫，尤其是可能传毒的昆虫，如叶蝉、蚜虫等，可采用10%吡虫啉或50%抗蚜威防治，减少传播机会。

2.卷叶病

病原：黄化病毒组

症状：葡萄卷叶病的症状主要表现在果实和叶片上，其中最典型的症状是叶片反卷和变色。该病对葡萄的为害是慢性的，其为害的程度差异也很大，但一般表现为植物的树势衰弱、发育不良，重者萎缩、停止生长。一般可造成减产10%~70%，果实的成熟期推迟1~2周，果实的含糖量比正常果低20%以上，病株抗逆性差，不耐寒。卷叶病症状见图2-18。

图 2-18　卷叶病症状

发病规律： 葡萄卷叶病在果园内传播的报道很少，总的印象是本病扩散较慢。在昆虫媒介方面，有试验证明卷叶病与粉蚧的存在有关。有3种粉蚧（长尾粉蚧、无花果粉蚧和橘粉蚧）可以传播葡萄病毒A，长尾粉蚧传播葡萄卷叶病毒Ⅲ型。卷叶病毒可通过感染的品种插条进行长距离传播，特别是美洲葡萄砧木潜隐带毒。

防治措施：

（1）栽植脱毒苗木是最经济有效的方法，嫁接时也应采用无毒的砧木和接穗。

（2）葡萄园里的粉蚧、蚜虫和蓟马等昆虫可传播葡萄病毒。在生产上应抓住这些传毒介体的关键防治时期，加强传毒介体的防治，防止病毒的传播蔓延。

（3）加强水肥管理、合理负载，增强树势，提高树体抵抗力，在每年夏秋季对葡萄园调查2次，若发现严重发病的病株，应及时刨除。修剪时也应注意果枝剪的消毒，防止病毒通过果枝剪上残留的汁液进行传播。

（四）根结线虫病害

症状： 根结线虫侵染葡萄植株根系后，地上部的茎叶均不表现具诊断特征的症状，但葡萄植株生长衰弱，表现矮小、黄化、萎蔫、果实小等。根结线虫在土壤中呈现斑块型分布；在有线虫存在的地块，葡萄植株生长弱，在没有线虫或线虫数量极少的地块，葡萄植株生长旺盛，因此葡萄植株的生长势在田间也表现块状分布。这种分布易被误认为是其他因素造成的，如缺水、缺肥、盐过多及其他病原等，其实这正是根结线虫为害的地上部的整体表现。从病根及其周围土壤中常可分离到数量较多的根结线虫成虫和幼虫，将这些线虫回接到寄主葡萄根部，植株表现与田间相似的症状。根结线虫病症状见图2-19。

发病规律： 根结线虫为害葡萄植株后，引起吸收根和次生根膨大和形成根结。单条线虫可以引起很小的瘤，多条线虫的侵染可以使根结变大。严重侵染可使所有吸收根死亡，影响葡萄根系吸收。线虫还能侵染地下主根的组织。

图 2-19　根结线虫病症状

防治措施：

（1）检疫。检疫机构负责控制线虫的传入和蔓延。果农应检查果园是否有线虫，采取严格措施把线虫排除在干净土壤之外。种植时应采用无线虫的带根苗木，最好是经过检疫的苗木。

（2）再植处理。对生产力已衰退或者不能用药剂处理的葡萄园，应考虑重新栽植。用剪子从树冠以下剪开，把植株移走。不可用铁链拉拔植株，以免树干从上表裂断，把根系残留于土内。清园后至少休闲1年，要经1~4年无寄主的时期才能再植。土地开沟熏蒸，沟深0.8~1.5 m，宽1 m。新栽的苗木应是无根结线虫的。

（3）药剂防治。撒施10%噻唑膦颗粒剂1 500~2 000g/亩，或沟施0.5%阿维菌素颗粒剂3 000~3 500 g/亩，或撒施5%阿维·噻唑膦颗粒剂2 200~3 300 g/亩。

二、葡萄非侵染性病害

气象因素、营养元素失调、有害物质因素等引起的对植物的伤害为非侵染性病害。这类病害没有病原物的侵染。

（一）环境异常引起的生理性病害

1.日灼病

症状：葡萄日灼病主要发生在烈日暴晒下缺少遮蔽的果穗上，果面温度过高，导致果皮灼伤，失水后形成了褐斑；或是叶片和果实争夺水分，使果粒局部失水，受高温灼伤所致。一般地下水位高、排水不良的果园发病重；果园密闭、不通风的地块发病重；果穗上叶片太少，阳光直射果面也易发病。日灼病症状见图2-20。

图 2-20　日灼病症状

发病规律：日灼病主要是由于葡萄受到烈日暴晒引起的，会严重为害葡萄的生长。

防治措施：

（1）增施有机肥，保持土壤疏松，增加其保水性能，促使根系健壮，增强树势，同时避免过多施用速效氮肥。

（2）采用棚架栽培或双篱架栽培，增加果穗上的叶片覆盖量，避免果穗接受直射光照射。

（3）保持植株稳产。疏除多余果穗，同时对已发病的果粒及早疏除，以防为害健康果粒。合理修剪，增加枝叶量，阳面修剪不宜过重，对果穗上部的副梢留2~3叶反复摘心；减少植株东南、南、西南部外围的留果量，合理负载。

（4）果穗套袋。套袋除减轻日灼外，还可减轻病虫为害，使果面光洁、美观、商品性好。方法是：在果粒长到黄豆粒大时，全树喷一遍杀菌剂，药液干后即套袋，上口用铁丝扎紧，采前20 d左右除袋（若用葡萄专用袋可不除袋）。

（5）喷肥降温。尤其是在阴雨过后的高温天气，在叶面和果穗上喷施0.2%磷酸二氢钾或5%草木灰浸出液2~3次。

2.水罐子病

症状：水罐子病一般于果实近成熟时开始发生。发病时先在穗尖或副穗上发生，严重时全穗发病。有色品种果实着色不正常，颜色暗淡、无光泽，绿色与黄色品种表现水渍状。果实含糖量低，酸度大，含水量多，果肉变软，皮肉极易分离，成一包酸水，用手轻捏，水滴溢出。果梗与果粒之间易产生离层，病果易脱落。水罐子病症状见图2-21。

图 2-21　水罐子病症状

发病规律：一般表现为树势弱、摘心重、负载量过多、肥料不足或有效叶面积小。在留一次果数量较多，又留用较多的二次果时，尤其是土壤瘠薄又发生干旱时发病严重；地势低洼、土壤黏重、易积水处发病重；在果实成熟期高温后遇雨，田间湿度大、温度高，影响养分的转化，发病也重。总之，此病是诸多因素综合作用所致。

防治措施：

（1）注意增施有机肥及磷钾肥，控制氮肥使用量，加强根外喷施叶面肥，增强树势，提高抗性。

（2）适当增加叶面积，适量留果，增大叶果比例，合理负载。

（3）果实近成熟时，加强设施的夜间通风，降低夜温，减少营养物质的消耗。

（4）果实近成熟时停止追施氮肥与灌水。

（5）加强果园管理。及时中耕锄草，避免土壤板结，是减少水罐子病的基本措施。

（6）合理调节果实负载量，尽量少留二次果。

（7）合理进行夏季修剪，处理好主梢、副梢之间的关系。适当多留主梢叶片，因主梢叶片是一次果所需养分的主要来源，在保证产量的前提下，采用“一枝留一穗果”的办法，以减少发病，提高果实品质。

（8）干旱季节及时灌水，低洼园子注意排水，勤松土，保持土壤适宜湿度。

（9）在幼果期，叶面喷施磷酸二氢钾200~300倍液，增加叶片和果实的含钾量，可减轻发病。

3.裂果

症状：果实开裂，引起各种病害，导致果实腐烂。裂果症状见图2–22。

图2–22　裂果症状

发病规律：如葡萄生长前期比较干，果实近成熟期遇到大雨或大水漫灌，根从土壤中吸收水分，通过果刷输送到果粒，其靠近果刷的细胞生理活动和分裂加快，而靠近果皮的细胞活动比较缓慢，果实膨压增大，致使果粒纵向裂开。在灌溉条件差、地势低洼、土壤黏重、排水不良的地区或地块，发生裂果严重，裂口处易感染霉菌而腐烂，造成很大的经济损失。

防治措施：

（1）品种选择。在选择品种建园时，应将品种是否裂果作为取舍的必要条件。另外，某个品种的成熟能否避开当地的雨季，也是考察该品种是否入选的一个重要因素。

（2）物理防治。

1）调节结果量，合理定产。负载量大的果树及果穗抱得过紧的葡萄品种，发生裂果的比率较大。因此，要通过花前掐除部分花絮，花后适当疏掉部分果粒，调节结果量。这样，不但可以减少裂果，而且可以起到给果穗整形、美化果品外观、增加商品价值的作用。另外，也可以改花前摘心为花后摘心，使其适当地自然落果，以求果穗松紧适度，减少果粒的相互压力，降低裂果量。

2）改善果园的通风透光条件，特别是在高温高湿的天气要及时采取吊枝、拉枝等技术措施，尽量减少果园的郁闭程度，降低果园的温度，减少日灼病的发生，进而减少裂果。除此之外，在离地面40 cm以下的枝蔓上，冬季修剪时，一律不留结果母枝。这样，可以减少病虫害的感染机会，扩大果园的空气对流量，起到减少裂果的作用。

（3）农业防治。

1）土壤选择。在通风良好的沙质土壤上建园，葡萄不仅品质好、着色快，而且果树的抗病能力强，不容易造成裂果。

2）调节土壤水分。土壤水分急剧变化，土壤透气性差，排水不良，要采取明渠或暗道等方式，搞好水分的供应和排出。同时，还可以通过冬季深翻和增施有机肥、熟石灰等改善土壤的物理状况，减少土壤水分的变化幅度。

3）滴灌和喷灌。在果实生长前期和中期进行高湿度处理，促使果皮的细胞壁和果梗的皮孔明显发达，提高能够引起裂果的临界膨压，可有效预防后期裂果。

4）及时中耕除草。中耕既可以消灭杂草，减少病虫害的发生；又可以疏松土壤，具有旱能提墒、涝能晾墒、调节土壤水分含量的作用。一般生产季节10~15 d中耕1次，可以缓解土壤的黏重程度，提高土壤中的氧气含量。

5）覆盖地膜。葡萄园覆盖地膜，既可以消灭杂草，防止根系吸收过多的雨水；又可以阻止地面水分过度蒸发，减少土壤水分含量波动过大。

6）果园覆草。在灌溉条件较差的条件下，果园覆草是解决果园保水问题的一项有效措施。该方法可以避免果园湿度波动过大，有利于浆果均匀生长，减少裂果。常用的方式有树盘覆草和行内覆草，覆盖的厚度为15~20 cm，该措施还可以增加土壤有机肥含量。

7）遮果。葡萄果面可以直接吸收雨水，果实也可以从根部吸收水分后增大其自身内部的膨压。所以，在雨季来临时采用遮果措施，可有效防止裂果。采取果实套袋，可使果皮组织中的次表皮细胞明显加厚，也可以收到良好的防治效果。

（4）化学防治。

1）在葡萄采收前的1~3周喷布0.2%氨基酸钙或0.2%硝酸钙，防治裂果的效果较为显著。

2）在果实膨大期连喷2次500 mg/kg的稀土元素，中间间隔8~10 d，可使果皮加厚。配制时，要先用食醋将水调成pH值为5~6的弱酸性溶液，然后加入稀土，在天气晴朗时喷施。

3）减少杀菌剂的使用次数，一般要求该药物在生长的中后期使用次数不超过3次，特别是在浆果采收前的2周内不可使用。

4）在果实生长前期和中期，对果穗附近的叶片喷施2次萘乙酸（NAA）6~10 mg/kg加6-苄基腺嘌呤（6-BA）6~10 mg/kg，可起到增加果实膨压、膨大果实、延长叶片寿命的作用。该措施可以抑制植物体内乙烯的活性，对因施用乙烯利造成的裂果有较好的控制作用。

5）合理施肥。在果实生长的中后期减少氮肥的施用量，适当增加磷钾肥的供应量，特别是在果实成熟前的10~15 d不要施用速效氮肥，可明显减少葡萄裂果的数量。

4.落花落果

症状：葡萄开花前1周的花蕾和开花后子房的脱落为落花落果，落花落果率在80%以上者，称为落花落果病。落花落果症状见图2-23。

发病规律：主要是由于外界环境条件的变化，影响受精授粉而造成大量落花落果。如花期干旱或阴雨连绵，或花期遇刮大风或低温等，都会造成受精不良而大量落花落果；施氮肥过多，花期新梢徒长，营养生长与生殖生长争夺养分，使花穗发育营养不足而造成落花

图 2-23　落花落果症状

落果；留枝过密，通风透光条件差；植株生长缺硼，则限制花粉的萌发和花粉管正常的生长，也严重影响坐果率。

防治措施：

（1）对落花落果严重的品种如玫瑰香、巨峰等可在花前3~5 d摘心，以控制营养生长，促进生殖生长。

（2）对生长势过旺的品种要注意轻剪长放，削弱营养生长，缓和树势。

（3）花前和花后必须进行追肥和灌溉，多施磷钾肥，控制氮肥施用。

（4）开花前喷矮壮素等生长调节剂，可抑制营养生长，改善花期营养状况。

（5）花前喷0.05%~0.1%的硼砂，可提高坐果率。也可在离树干30~50 cm处撒施硼砂，施后接着灌水，均可收到良好的防治效果。

（二）营养元素缺乏引起的生理性病害

1.缺氮

症状：葡萄缺氮时，叶片失绿黄化、小而薄、易早落，老叶先开始褪色，并逐渐向上部叶片发展；新梢生长缓慢，枝蔓节间短而细；花、芽及果均少，果粒小，果穗松散，成熟不齐，产量明显下降。

发病规律：土壤沙性强，氮肥使用不足或氮肥流失严重。

防治措施：发现缺氮，及时在根部追施适量氮肥，也可结合根部施肥，用0.3%~0.5%尿素溶液作根外喷肥，连喷2~3次。

2.缺磷

症状： 葡萄缺磷会导致葡萄果实变小，还会影响葡萄的成熟日期，葡萄缺磷症状突出表现在叶片变小，叶色暗绿带紫，叶边发红焦枯，花序、果穗变小，果实含糖量降低，果实成熟推迟。

发病规律： 磷在酸性土壤上易被铁、铝的氧化物所固定而有效性降低；在碱性或石灰性土壤中，磷又易被碳酸钙所固定，所以酸性强的新垦红黄土壤或石灰性土壤，均易出现缺磷现象；土壤熟化度低的及有机质含量低的贫瘠土壤也易缺磷；低温影响土壤中磷的释放和抑制葡萄根系对磷的吸收，而使葡萄缺磷。

防治措施：

（1）叶面喷施磷素肥料，种类有磷酸铵、过磷酸钙、磷酸钾、磷酸二氢钾等，其中以磷酸铵和磷酸二氢钾效果最好。喷施浓度以0.3%~0.5%为宜。一般幼果膨大期每7~10 d喷施1次，共喷3~4次。

（2）开花期以前每亩施磷肥20~40 kg，以促进花序发育，促进坐果。

（3）在果实着色、枝条成熟期，为促进果实着色、增加浆果含糖量和枝条成熟充实，每亩可施磷肥20~40 kg，或在果实膨大后进行2~3次根外追肥。

（4）果实采收后，在施基肥时要重施磷肥，一般每株成龄树施过磷酸钙0.5~1 kg，和其他有机肥一同深施于树盘内或施肥沟内即可。

3.缺镁

症状： 从植株基部的老叶开始发生，最初老叶脉间褪绿，继而叶脉间发展成带状黄化斑点，多从叶片的中央向叶缘发展，逐渐黄化，最后叶肉组织黄褐坏死，仅剩下叶脉仍保持绿色。因此黄褐色坏死的叶肉与绿色叶脉界限分明。缺镁症一般在生长季初期症状不明显，从果实膨大期才开始显症并逐渐加重，尤其是坐果量过多的植株，果实尚未成熟便出现大量黄叶，病叶一般不早落。缺镁对果粒大小和产量的影响不明显，但浆果着色差，成熟期推迟，糖分低，使果实品质明显降低。

发病规律： 主要是由于土壤中置换性镁不足，其根源是有机肥质量差、数量少，肥源主要靠化学肥料，而造成土壤中镁元素供应不足。酸性土壤中镁元素较易流失，所以缺镁症在中国南方的葡萄园发生较普遍。钾肥施用过多或大量施用硝酸钠及石灰的果园，也会影响镁的吸收，常发生缺镁症。夏季大雨后更为显著。

防治措施：葡萄定植时要施足优质的有机肥料，对成年树亦应在冬季前开沟增施优质有机肥料，发生缺镁严重的葡萄园应适量减少钾肥的施用量。在植株开始出现缺镁症状时，叶面喷3%~4%硫酸镁，生长季喷3~4次，有减轻病情的作用，缺镁严重的土壤，可考虑施用硫酸镁，每亩约100 kg。

4.缺锰

症状：缺锰时幼叶先表现病状，叶脉间组织褪绿黄化，出现细小黄色小斑点，斑点类似花叶症状，并为最小绿色脉所限。第一叶脉与第二叶脉两旁叶内仍保留绿色，暴露于阳光下叶片较荫蔽处明显。进一步缺锰，会影响新梢、叶片、果粒生长与成熟。含有石灰的土壤，缺锰症状常被因石灰褪绿的黄化所掩盖，应引起注意。

发病规律：锰一般存在于植物体内生理活跃部分，特别在叶片内，对植物的光合作用及碳水化合物代谢都有促进作用。缺锰会使叶绿素形成受阻，影响蛋白质合成，出现褪绿黄化的病状。酸性土壤条件下一般不会缺锰，若遇土质黏重、通气不良、地下水位高、pH值高的土壤较易发生缺锰症。化验结果表明：叶柄含锰3~20 mg/kg时，缺锰症即显现出来。

防治措施：增施有机肥、改善土壤理化性质有预防缺锰的作用。

5.缺硼

症状：葡萄缺硼症的主要表现是枝蔓节间变短，植株矮小，副梢生长弱；叶片明显变小、增厚、发脆、皱缩、向外弯曲，叶缘出现失绿黄斑，严重时叶缘焦灼；尤为明显的是开花时花冠不脱落或落花严重，花序干缩，结实不良；果穗上无种子的小粒果实增加，形成了明显的“珍珠粒”穗型。另外，缺硼植株的根系分布较浅，甚至造成死根。

发病规律：葡萄缺硼症状的发生与土壤结构、有机肥施用量有关。沙滩地葡萄园和通气不良、土壤黏重的地区缺硼现象较为严重。在过于干燥的年份和灌水少的园地，缺硼症病株也明显增加，特别是在花期前后土壤过于干旱时更易加重缺硼症的发生。

防治措施：

（1）加强栽培管理。改良土壤，增施有机肥料，适时灌水，避免偏施氮肥，以增加土壤中可溶性硼的含量。

（2）土壤施硼。结合秋施基肥，每株施用30~60 g硼砂，翌年即可见效，防治效果很好。

6.缺锌

症状：葡萄缺锌时常表现出两种症状，一是新梢叶片变小，常称“小叶病”。叶片基部开张角度大，叶片边缘锯齿变尖，叶片不对称。二是出现花叶，叶脉间失绿变黄，叶脉清晰，具绿色窄边。褪色较重的病斑最后坏死。有些葡萄品种缺锌时易使种子形成少、果粒变小，果实呈现不整齐的大小粒，产量下降。

发病规律：缺锌多发生在沙滩地、盐碱地及瘠薄的山岭果园。去掉表土的果园亦容易发生缺锌现象。据研究报道，葡萄对锌的需求量很少，每公顷约需555 g。但是土壤中的锌绝大多数都处于固定状态，特别是使用磷肥较多的土地，土壤中的锌可与磷酸根结合生成磷酸锌，不能被植物根系吸收而表现缺锌。因此单纯依靠土壤施肥难以解决缺锌问题。

防治措施：

（1）改良土壤结构，增施有机肥。沙质土壤含锌盐少，而且容易流失；而碱性土壤锌盐易转化成不可利用状态，不利于葡萄的吸收和利用。所以改良土壤结构、加强土壤管理、增施有机肥料、调节各元素平衡协调，对改善锌的供应有良好的效果。

（2）葡萄开花期或开花期以后每半月左右叶面喷1次0.1%~0.3%硫酸锌，不仅能促进浆果正常生长，提高产量和含糖量，同时也能促进果实提早成熟。

7.缺铁

症状：根系发育不良。新梢生长明显减少，花穗及穗轴变为浅黄色，坐果少。叶的症状最初出现在迅速展开的幼叶，叶脉间黄化，叶呈鲜黄色，具绿色脉网，也包括很少的叶脉。当缺铁严重时，更多的叶面变黄，甚至变为白色。叶片严重褪绿部位常变褐色和坏死。花穗和穗轴变浅黄色，坐果不良。结果少或不结果，即使坐果，果粒也发育不良。

发病规律：黏土、土壤排水不良、土温过低或含盐量增高都容易引起铁的供应不足。尤其是春季寒冷、湿度大或晚春气温突然升高时，新梢生长速度过快易诱发缺铁。

防治措施：冬季修剪后，可用25%的硫酸亚铁涂抹枝条，每升水加硫酸亚铁250 g。葡萄萌芽前，在架的两侧开沟施入硫酸亚铁，每株200 g，与有机肥混合后施用更好。用有机铁喷雾，如黄腐酸铁等，在落花后开始，7~10 d喷1次，连续喷2~3次；也可以喷布0.5%硫酸亚铁溶液加0.15%的柠檬酸，酌情每10~20 d可再喷1次。

第三部分 葡萄害虫田间识别与防控

昆虫种类繁多、数量大、繁殖力强、分布广，其中对人类有益的成为资源昆虫，极少数对人类有害的成为害虫，多数昆虫未被发现或鲜为人知。昆虫作为生物群落和食物网中的成员，对维持自然界生态平衡起着十分重要的作用。昆虫的繁殖方式可分为两性生殖、孤雌生殖、多胚生殖和卵胎生殖等方式。昆虫从卵中孵化而出至羽化为成虫的生长发育过程伴随着变态和蜕皮，包括卵期、幼虫期、蛹期和成虫期，昆虫从卵孵化出后，要经过一系列外部形态和内部器官的变化才能转变为成虫，分为不完全变态和完全变态两大类。

一、昆虫的特性

1. 世代和世代重叠 昆虫由卵开始到成虫性成熟繁殖后代的个体发育史称为一个世代。有的1年发生1代，有的1年发生多代，还有的多年发生1代。1年发生多代的昆虫，由于成虫期和产卵时间很长，后代个体发育不整齐，如蚜虫和菜蛾等，出现世代重叠。

2. 年生活史 年生活史是一种昆虫在1年内发生的世代数及其生长发育的过程。年生活史包括1年内某种昆虫发生的世代数、各代历期及发生的时间、各虫态的数量变化规律、越夏和越冬场所等内容。

3. 休眠与滞育 有些昆虫，在环境条件恶化时（主要指低温或饥饿）处于不食、不动、停止生长发育的状态，在不良环境条件消除后，就可以恢复正常的生长发育状态，这种休眠现象主要由环境因素引起，很多昆虫在水分不足的情况下也会休眠。冬季低温引起越冬，夏季高温有些昆虫进入越夏。休眠主要是由外因决定的，当不良环境解除后，休眠即可以解除。

还有些昆虫，在不良环境尚未到来之前就进入停育状态，即使不良环境解除也不能恢复个体生长发育，必须经过一定的外界刺激，如低温、光照等，才能打破停育状态。具有滞育特性的昆虫都有各自固定的滞育虫态，如玉米螟只以老熟幼虫滞育。滞育主要是由内因（种的遗传性）引起，光周期（一天中白昼与黑夜的相对长度）调控昆虫体内脑激素的变化，从而引发滞育，是引起滞育的主要信号。昆虫休眠和滞育的原因与规律，对于准确预测预报昆虫发生期、指导害虫防治有一定的意义。

二、昆虫的主要习性

1. 食性 昆虫在长期演化过程中所形成的选择取食对象的习性称为食性。按照昆虫食物范围的不同，可将昆虫的食性分为：①单食性，也称专食性。昆虫只取食一种动植物，如葡萄天蛾只取食葡萄。②寡食性。昆虫只取食一科或近缘科的动植物，如菜粉蝶只取食十字花科植物。③多食性。昆虫可取食多种或多科的动植物，如菜螟、蝗虫和美洲斑潜蝇等。

2. 趋性 昆虫接受某种外界刺激后所做的定向运动称为趋性。趋性是昆虫在长期适应环境过程中形成的本能。根据反应的特点，趋性分为正趋性和负趋性两种，趋向刺激源的称正趋性，反之为负趋性。

（1）趋光性。昆虫对光刺激的趋向性。大部分昆虫，特别是夜出活动的昆虫，如蛾类、金龟子、蝼蛄、叶蝉和飞虱等，对光源都有很强的正趋性。有的昆虫，主要是生活在黑暗环境中的昆虫，如臭虫和蜚蠊等，对光表现为负趋性，即背光性。

（2）趋化性。昆虫对一些化学物质的刺激所表现出的反应。其正、负趋化性通常与觅食、求偶、避敌、寻找产卵场所等有关。如菜粉蝶对十字花科蔬菜产生的芥子油有强烈的趋性；有些昆虫，如小地老虎和甘蓝夜蛾对糖醋液有较强的趋性；有些雄虫对雌虫产生的性激素有较强趋性等。可以利用昆虫对某些化学物质的趋性特点来诱杀害虫。

3. 假死性　昆虫受到刺激后，全身表现反射性抑制状态的现象称假死性。如金龟子受到振荡后，足、翅突然收缩，落于地面，不动不食。可以利用昆虫这一特点来集中捕杀害虫。

4. 群集、扩散与迁飞　同种昆虫的大量个体高密度聚集在一起的现象称群集性。只是在某一虫态和一段时间内群集在一起，过后就分散的称临时性群集。如天幕毛虫的低龄幼虫进行临时群集生活，老龄后即分散生活；一些瓢虫和叶甲等往往在越冬时群集在一起，当度过寒冬后即分散生活。终生群集在一起的称永久性群集，如社会性昆虫蜜蜂、白蚁和东亚飞蝗等。但有时二者的界限并非十分明显。

昆虫因密度效应或因觅食、求偶、寻找产卵场所等，由原发生地向周边转移、分散的过程称扩散，如蚜虫。昆虫通过飞行而大量、持续地远距离迁移的现象称迁飞，如东亚飞蝗。扩散与迁飞的行为有利于昆虫的觅食、繁衍生殖和扩大生存空间。

三、园艺昆虫的主要分类

昆虫分类有利于人们认识昆虫，了解其亲缘关系和生存发展规律，为保护和利用有益昆虫、控制害虫提供方便。园艺昆虫主要目的特征见表3-1。

表3-1　园艺昆虫主要目的特征

目	主要特征			代表昆虫
	翅	口器	其他	
直翅目	前翅覆翅，后翅膜质	咀嚼式	不完全变态，体中至大型，触角多为丝状，后足跳跃足或前足开掘足；雌虫多有发达的产卵器，听器位于前足胫节或腹部第1节上，雄虫常会发音	东亚飞蝗、非洲蝼蛄

续表

目	主要特征			代表昆虫
	翅	口器	其他	
鳞翅目	翅2对，膜质，各具1个封闭的中室，翅面被有鳞片	虹吸式	完全变态，体小至大型；成虫复眼多发达，触角形状多样，腹部10节，无尾须，取食花蜜、果汁；幼虫多足型，腹足有趾钩；蛹为被蛹	菜粉蝶、棉铃虫
鞘翅目	前翅角质坚硬，后翅膜质或退化	咀嚼式	完全变态，体小至大型，体壁坚硬，口器咀嚼式，复眼发达，多数无单眼，前胸背板发达，中胸只露出三角形小盾片	东北大黑鳃金龟
半翅目	前翅半鞘翅，后翅膜质	刺吸式	不完全变态，体小至大型，扁平，喙出自头部前端，前胸背板发达，中胸小盾片常呈三角形，多具臭腺	菜蝽、茶翅蝽
膜翅目	膜翅，前翅大于后翅，以翅钩列连接	咀嚼式或嚼吸式	完全变态，体微小至大型，多具并胸腹节，腹部第1节多向前并入后胸，腹部第2节常细小呈腰状；雌虫多有锯状或针状产卵器	菜叶蜂、小茧蜂
双翅目	前翅膜质，后翅为平衡棒	舐吸式或刺吸式	完全变态，复眼大，单眼3个；幼虫无足型	美洲斑潜蝇
缨翅目	缨翅，翅狭长，边缘密生缨状长毛，翅脉少或无翅脉	锉吸式	不完全变态，体微小至小型；成虫体长一般为0.5～7 mm；雌虫产卵器为锯状或管状	葱蓟马
脉翅目	翅2对，膜质透明，翅脉为网状，前、后翅形状、大小和翅脉相近	咀嚼式	完全变态，触角类型多样	草蛉

四、昆虫生态及预测预报

（一）气候因子对昆虫的影响

1. 温度　昆虫是变温动物，体温随周围环境的变化而波动。昆虫的新陈代谢等生命活动在一定温度条件下才能实现，而维持其生命活动所需热源有太阳辐射热和体内新陈代谢所产生的化学热，但主要为太阳辐射热。因此，环境温度不仅是昆虫进行积极生命活动所必需的一个条件，而且是对昆虫影响最为显著的一个因子。

大多数昆虫生长发育对温度的变化范围有一定的要求，在该范围内，昆虫寿命最长、生命活动旺盛、发育正常进行，这个范围称为适宜温区或有效温区。有效温区的下限是昆虫开始生长发育的起点温度；有效温区的上限是昆虫因温度过高而生长发育被抑制的温度，称为临界高温，一般为35～45 ℃。在发育起点温度以下或高温临界温度以上，有一段低温区或高温区，分别称为停育低温区或停育高温区。在停育低温区以下或停育高温区以上，昆虫因过冷或过热而死亡，称为致死低温区或致死高温区。致死低温区一般为−40～−10 ℃，致死高温区一般为45～60 ℃（表3-2）。温度一是影响昆虫的生长发育速度。在有效温区内，发育速度与温度成正比，温度越高，发育速度越快，其发育所需天数越少。二是影响昆虫的生殖能力。在适宜温区内，温度适宜时，生殖力强，温度过低或过高，生殖力下降。三是影响昆虫寿命。温度升高，寿命下降。另外，温度对昆虫的活动范围也有一定的影响。

表3-2　温度对温区昆虫的作用及温区划分

温度/℃	温区	温度对昆虫的作用
45～60	致死高温区	短时间内造成昆虫死亡
40～<45	停育高温区	死亡取决于高温的强度和持续时间

续表

温度/℃	温区		温度对昆虫的作用
30 ~ <40	适宜温区	高适温区	发育速度随温度升高而减慢
22 ~ <30		最适温区	死亡率最小，生殖力最强，发育速度接近最快
10 ~ <22		低适温区	发育速度随温度降低而减慢
−10 ~ −8	停育低温区		代谢过程变慢，引起生理功能失调，死亡取决于低温的强度和持续时间
−40 ~ <−10	致死低温区		因组织结冰而死亡

2. 湿度 昆虫体内水分的含量一般较高，大部分为50%~90%。昆虫体内的水分来源主要是食物内的水分，其次是直接饮水。昆虫通过排泄、呼吸、体壁蒸发散失水分。湿度对昆虫的影响包括空气相对湿度和降雨等。相对湿度一是影响昆虫的发育速度，在一定的温度条件下，湿度越高，发育速度越快。二是影响昆虫成虫的存活率，在合适的温度条件下，较高的相对湿度，昆虫的成活率较高。三是影响昆虫的繁殖力，如一定温度下，小地老虎成虫在相对湿度90%时的产卵量比相对湿度60%条件下的产卵量要增加1倍。降水对昆虫的影响在于影响空气湿度和土壤含水量，从而影响植物的生长状况，间接影响昆虫。暴雨对一些弱小的昆虫，如蚜虫和螨类等有机械冲刷作用。另外，较长的降雨过程对一些迁飞性昆虫也会产生影响。昆虫对湿度的适应也有一定的变化范围，一般较大。

3. 光 光对昆虫生命活动的影响主要取决于光的性质、光照度和光周期的变化。

光的性质主要指光的波长。不同的昆虫对不同波长光的趋性不同，光波长为365~400 nm的光灯对很多夜蛾科昆虫的诱虫效果比白炽灯要高10% ~ 20%。人眼所能看见的光区为400~760 nm，而昆虫的可见光区为253~700 nm，偏于短波光，它们可以看到人所看不见的紫外线。人们可以利用昆虫对不同波长光的这种趋性特点对其进行诱杀或忌避，如黑光灯诱蛾。

光照度主要影响昆虫的节律和习性，对昆虫的活动或行为影响明显，表现在对昆虫的日出性和夜出性、趋光性和背光性等昼夜活动规律的影响。

光周期指一昼夜中光照与黑暗交替的节律，一般用光照时数表示。光周期的年变化是逐日有规律地增加或有规律地减少，具有稳定性，对昆虫的生命活动起着重要的信息作用，是引起昆虫滞育的主要信号。

4. 风　风对昆虫的迁飞和扩散起着重要作用。迁飞过程中，如果遇到大风天气，种群数量和分布将会受到重要影响。小型昆虫，如蚜虫、飞虱等的扩散都会受到风力的影响。风力变化还会影响环境的温度和湿度，间接对昆虫产生作用。

（二）生物因子对昆虫的影响

生物因子包括食物因子和天敌因子等。

1. 食物因子　食物是昆虫的生存基础，昆虫通过取食植物、动物或其产物来满足自己对能量的要求。在长期演化的过程中，昆虫逐渐形成了各自特殊的取食习性，主要分为以下类型：

（1）植食性。以活植物为食，多为农业害虫。

（2）肉食性。以活动物为食，多为天敌昆虫，又分为捕食性和寄生性两类。

（3）腐食性。以死亡的动物、植物或腐败物为食。

（4）杂食性。可以取食各种动物、植物的产品。

昆虫取食适合其生长的食物，则个体大、寿命长、产卵量多、发生期早。若昆虫取食不适宜食物，则发育速度和生殖力都会受到影响，死亡率也高。

2. 天敌因子　在自然界中，昆虫常因其他生物的捕食或寄生而死亡，使种群的发展受到抑制。昆虫天敌的种类很多，大体可归纳为三大类：

（1）天敌昆虫。天敌昆虫分为捕食性天敌和寄生性天敌两大类。捕食性天敌，如瓢虫、草蛉、虎甲和步甲等，这类天敌都较寄主个体大、捕杀速度快。寄生性天敌，如寄生卵的赤眼蜂、寄生幼虫的绒茧蜂及寄生于若虫或成虫的蚜茧蜂等，寄生性天敌一般都较寄主小得多，对寄主的选择性比较严格，使寄主昆虫致死的时间比较长。

（2）昆虫病原微生物。有些微生物可以寄生昆虫，导致昆虫死亡，包括一些细菌、真菌、病毒和线虫等。

（3）其他有益动物。除昆虫外，自然界有些动物以害虫为食物，可以利用它们来防治害虫，如一些捕食性的螨类、蜘蛛、鸟类、鱼类和一些蛙类等。

（三）土壤因子对昆虫的影响

绝大多数昆虫的某一虫态或一生生活于土壤中，与土壤发生直接或间接的关系。土壤对昆虫的影响主要表现在以下两个方面：

1.土壤温度和湿度　土壤温度变化相对比较稳定，越到深层，土壤温度变化越小，昆虫随着土壤温度的变化而上升或下降。如蝼蛄在春季、秋季上升到地面为害，冬季寒冷季节和夏季高温季节便下降到深层的土壤中潜伏生活。湿度一般是比较高的，经常处于饱和状态。有些昆虫将不活动的虫态（如卵），产于土中。

2.土壤理化性状　土壤的理化性状主要包括土壤的机械组成、土壤的酸碱度、土壤的有机质含量等内容。这些性状影响昆虫的分布和为害。可以通过改善耕作制度和栽培条件及改善园艺植物的土壤环境，使土壤有利于园艺植物生长而不利于虫害发生。

（四）昆虫发生期和发生量预测

1.发生期预测　发生期预测是预测某种昆虫的某一发生阶段（如虫龄、虫态等）出现的日期。

（1）物候预测法。物候是指各种生物现象出现的季节规律性，是气候条件（温度、湿度、光照等）影响的综合表现。通过长期观察和多年验证，可以找出某些昆虫的发生时期与当地的自然现象或某种植物的特殊发育阶段（如萌芽、开花、现蕾）之间的关系，以确定某些物候现象作为某种昆虫的某一虫态发生期的预测依据。如梨树芽膨大裂缝时，是梨大食心虫越冬幼虫出蛰为害转芽的时期；陕西地区有小地老虎越冬代成虫“桃花一片红，发蛾到高峰；榆钱落，幼虫多”的说法；可以通过这些规律，来预报这些害虫的发生时期。

（2）期距预测法。利用昆虫各虫态出现的时间之间的期距，即昆虫由前一个虫态发育到后一个虫态，或前一个世代发育到后一个世代所经历的天数，推算后一个虫态或世代的发生期。可采用诱集观察法、田间调查法和人工饲养法获得不同昆虫的期距。

（3）有效积温预测法。利用有效积温法对昆虫的发生时间进行预测。

2.发生量预测　根据某一昆虫的虫源基数、形态特征或其他指标，预测昆虫未来数量变化的方法，称为发生量预测。发生量预测主要有以下几种方法：

（1）环境因子法。以气象因子的动态变化为依据，根据一年中气象因素的变化规律和当年某种昆虫的发生情况，结合该种昆虫多年数量变化与气象因子的相关规律，对昆虫的数量做出预测。

（2）害虫基数法。根据前一代某种昆虫的虫口基数情况，预测下一代该昆虫发生数量多少的方法。

（3）形态指标法。有些环境条件对昆虫的影响可以通过昆虫的内外形态特征表现出来，如虫型变化、雌雄比例等。可用昆虫的内外形态变化作为指标，对该昆虫未来发生的数量进行预测，这种方法称为形态指标法。如飞虱发生时，如果短翅型比例增多时，未来数量将会增加。

五、葡萄主要害虫与防治

葡萄是一种比较容易发生害虫的植物。葡萄虫害有130多种，害虫是葡萄经济损失较严重的一方面。

1.透翅蛾

识别特征：

世界性分布，多见于温带和热带的林区。体细瘦，黑色，有明亮红黄色等色斑纹，足长，翅常无鳞，透明。前后翅由一列弯刺钩在一起，这与其他蛾类不同，而与所模拟的黄蜂相似。幼虫色浅，蠕虫形，常侵害栽培作物，钻入根茎内生活1年左右再化蛹。茶藨透翅蛾

（*Ramosia tipuliformis*）是透翅蛾科分布最广的种类，幼虫在木髓内越冬，初夏羽化为成虫；成虫小，色暗紫，雌虫、雄虫分别有3条和4条黄带。透翅蛾见图3-1。

图3-1　透翅蛾

生活习性：

喜在白天飞翔，夜间静息。尤其晴天中午常在花丛间活动，取食花蜜。幼虫是钻蛀性害虫，喜在树木枝干内蛀食木质髓部，引起树液向外溢出。某些种类也蛀食树根或瓜果。树木受害后往往内部被蛀食一空，树势衰退，枯干致死。

防治措施：

（1）严格进行苗木检疫。在植树前，苗木调运时要严格检查，及时清除有虫苗木，禁止有虫苗造林，防止虫情传播。

（2）及时剪除苗圃内虫瘿，防止虫情扩散。

（3）成虫期防治：在羽化盛期用性诱剂诱杀雄虫；每亩挂5~6个诱捕器，可有效地降低白杨透翅蛾的为害。

（4）幼虫防治：成虫产卵盛期，发生严重的地块可用5%甲氨基阿维菌素苯甲酸盐水分散粒剂3~5 g/亩、1.8%阿维菌素乳油30~40 mL/亩或50 g/L氟氯氰菊酯乳油25~30 mL/亩。已蛀入枝干的幼虫，将20%吡虫啉200倍液等用针管注入蛀虫孔内（通常叫作给树打针），并用胶泥封堵虫孔，毒杀幼虫。

2.虎蛾

识别特征：

形态特征与夜蛾极为近似，但触角端部粗厚是其与夜蛾的主要区别。喙发达，下唇须向上伸，额有椎形突或角突，复眼大，少数具毛，无单眼。幼虫多具绚丽的色彩和鲜明的斑纹。体常有长毛，第8腹节背面隆起，腹足4对，在地表土中化蛹，蛹为裸蛹。虎蛾见图3-2。

图 3-2　虎蛾

生活习性：

成虫日间活动，吸水和取食花蜜，飞翔力强，某些种类飞翔时可发出声响。幼虫常群集食叶成孔洞与缺刻。幼虫受触动时口吐黄水。

防治措施：

使用2.5%高效氯氟氰菊酯水乳剂20~30 mL/亩喷雾，5%甲维·高氯氟水乳剂8~12 mL/亩喷雾，3%甲维·啶虫脒微乳剂40~50 g/亩喷雾，应于害虫卵孵盛期或低龄幼虫期使用，喷雾时要均匀。每隔10 d用药1次。使用时根据需要量现用现配，兑水后应搅拌均匀。

3.天蛾

识别特征：

喙发达，非一般蛾类可比，飞翔力强，是世界上振翅最快的昆虫，仅仅一秒，翅膀就振动1 000余下。有的种类有迁移习性。喙短，胸背面有骷髅形纹，常取食蜂房的蜜；能将空气从舌部逼出，从而发出“唧唧”般的叫声；幼虫能发出独特的爆裂般的声音。天蛾幼虫一般食叶，体光滑，有特征性的尾角，故俗称角虫。天蛾绒茧蜂（*Apanteles congregatus*）寄生在其幼虫体内，可利用其进行生物防治。天蛾在土室中或在地面作茧化蛹。成虫夜间活动，有趋光性。多在傍晚交配，多散产于嫩梢或叶背。幼虫白天静止，夜晚取食叶片，受触动时从口器中分泌出绿水。天蛾见图3-3。

图3-3 天蛾

生活习性:

葡萄天蛾每年发生1～2代。以蛹在土中越冬，5月中旬羽化，6月上中旬进入羽化盛期，7月中旬开始在葡萄架下入土化蛹，7月底8月初可见成虫，8月上旬可见2代幼虫为害。进入9月下旬至10月上旬，幼虫入土化蛹越冬。在全国各地均有发生。

防治措施:

可用100亿芽孢/g阿维·苏云菌可湿性粉剂50~100 g/亩喷雾，2.5%高效氯氟氰菊酯水乳剂20~30 mL/亩喷雾，5%甲维·高氯氟水乳剂8~12 mL/亩喷雾，使用安全间隔期为7 d，每季作物最多可以使用3次。可用3%甲维·啶虫脒微乳剂40~50 g/亩喷雾，使用安全间隔期为7 d，每季作物最多使用2次。

4.苹小卷叶蛾

识别特征:

成虫体长6~8 mm，体黄褐色。前翅的前缘向后缘和外缘角有两条浓褐色斜纹，其中一条自前缘向后缘达到翅中央部分时明显加宽。前翅后缘肩角处及前缘近顶角处各有一小的褐色纹。卵：扁平椭圆形，淡黄色半透明，数十粒排成鱼鳞状卵块。幼虫：身体细长，头较小呈淡黄色。小幼虫黄绿色，大幼虫翠绿色。蛹黄褐色，腹部背面每节有刺突两排，下面一排小而密，尾端有8根钩状刺毛。苹小卷叶蛾见图3-4。

生活习性:

每年发生3代，以初龄幼虫在果树的缝隙中、老皮下、潜皮蛾为害的暴皮下，以及枯叶与枝条贴合处等场所，做白色薄茧越冬。桃花芽开绽时，越冬幼虫开始出蛰。并吐丝缠结幼芽、嫩叶和花蕾为害，长大后则多卷叶为害，老熟幼虫在卷叶中结茧化蛹。6月中旬越冬代成虫羽化，7月下旬第1代羽化，9月中旬第2代羽化。成虫有趋光性和趋化性。成虫夜间活动，对果醋和糖醋有较强的趋性，设置性信息素诱捕器，均可直接观测成虫发生期的数量变化。

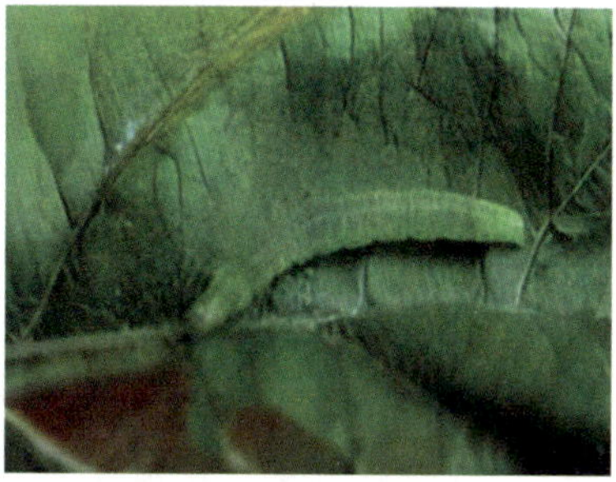

图 3-4　苹小卷叶蛾

防治措施：

（1）人工防治。春季果树发芽前，彻底刮除主干、侧枝上的老翘皮，带出园外烧毁。生长期及时摘除虫苞，将幼虫和蛹捏死。

（2）释放赤眼蜂。在第1代成虫发生期，利用松毛虫赤眼蜂防治。在果园里悬挂苹小卷叶蛾性外激素水碗诱捕器，当诱到成虫后3~5 d，即成虫卵始期，立即开始第1次放蜂，每隔5 d放1次，连放3~4次，每亩每次放蜂量3万头左右，每亩总放蜂量10万~12万头，卵块寄生率可达85%左右，基本能控制苹小卷叶蛾的为害。遇连阴雨天气，应适当多放。

（3）利用成虫的趋光性和趋化性，诱杀成虫。在果园内利用苹小性诱芯或糖醋液诱杀成虫。糖醋液的比例为糖：酒：醋：水=1：1：4：16，每亩放置3~5个。有条件的地区可利用频振式杀虫灯、黑光灯诱杀成虫。

（4）药剂防治。在越冬幼虫出蛰期及以后各代初孵幼虫卷叶前，喷洒生物农药BT乳剂（100亿芽孢/mL）1 000倍液，以后各代卵孵化盛期至幼虫卷叶前，可选用25%灭幼脲悬浮剂1 500~2 500倍液进行喷雾防治。

5. 蓟马

识别特征：

葡萄蓟马主要是若虫和成虫以锉吸式口器锉吸幼果、嫩叶和新梢表皮细胞的汁液。幼果被害当时不变色，第二天被害部位失水干缩，形成小黑斑，影响果粒外观，降低商品价值，严重时会引起裂果。蓟马为害症状见图3–5。

图 3–5　蓟马为害症状

生活习性：

叶片受害因叶绿素被破坏，先出现褪绿的黄斑，后叶片变小，卷曲畸形，干枯，有时还出现穿孔。被害的新梢生长受到抑制。

防治措施：

（1）清理葡萄园杂草，烧毁枯枝败叶。

（2）在开花前1~2 d喷10%吡虫啉可湿性粉剂20~35 g/亩或45%马拉硫磷乳油85~110 mL/亩，都有较好效果。此外，防治蓟马的药剂还有25%噻虫嗪水分散粒剂（15~20 g/亩）、5%啶虫脒乳油（30~40 mL/亩）、240 g/L虫螨腈悬浮剂（15~20 mL/亩）、10%多曲古霉素悬浮剂（17~25 mL/亩）等。喷药后5 d左右检查，如仍发现虫情较重时，立即进行第二次喷药。

6. 二斑叶螨

识别特征：

成螨体色多变，有浓绿、褐绿、黑褐、橙红等色，一般常带红色或锈红色。雌体长0.42~0.59 mm，椭圆形，多为深红色，也有黄棕色的；越冬螨橙黄色。雄体长0.26 mm，近卵圆形，多呈鲜红色。二斑叶螨见图3–6。

图 3-6 二斑叶螨

生活习性：

南方一年发生20代以上，北方12~15代。月气温达5~6 ℃时，越冬雌虫开始活动，月均温达6~7 ℃时开始产卵繁殖。卵期10余天。成虫开始产卵至第1代幼虫孵化盛期需20~30 d，以后世代重叠。随气温升高繁殖加快，在23 ℃时完成1代13 d，26 ℃为8~9 d，30 ℃以上为6~7 d。越冬雌虫出蛰后多集中在早春寄主（主要是宿根性杂草）上为害繁殖，待作物出苗后便转移为害。6月中旬至7月中旬为猖獗为害期，进入雨季虫口密度迅速下降，为害基本结束，若后期仍干旱可再度猖獗为害，至9月气温下降陆续向杂草上转移，10月陆续越冬。行两性生殖，不交尾也可产卵，喜群集叶背主脉附近并吐丝结网于网下为害，大发生或食料不足时常千余头群集叶端成一团。有吐丝下垂借风力扩散传播的习性。高温、低湿适于发生。

防治措施：

（1）农业防治。铲除田边杂草，清除残株败叶。

（2）生物防治。①以虫治螨。应注意保护，发挥天敌自然控制作用。此螨天敌有30多种，如深点食螨瓢虫，幼虫期每头可捕食二斑叶螨200~800头，其他还有食螨瓢虫、暗小花蝽、草蛉、塔六点蓟马、小黑隐翅虫、盲蝽等天敌。②以螨治螨。保护和利用与二斑叶螨几乎同时出蛰的小枕绒螨、拟长毛纯绥螨、东方纯绥螨、芬兰纯绥螨等捕食螨，以控制二斑叶螨为害。③以菌治螨。藻菌能使二斑叶螨致死率达80%~85%；白僵菌能使二斑叶螨致死率达85.9%~100%，与农药混用，可显著提高杀螨率。

（3）药剂防治。可用5%阿维·哒螨灵乳油1 500~2 000倍液、1.8%阿维菌素乳油3 000~4 000倍液、43%联苯肼酯悬浮剂2 000~3 000倍液、240 g/L螺螨酯悬浮剂10~15 mL/亩或20%炔螨特水乳剂1 000~1 500倍液喷雾防治。

7. 瘿螨

识别特征：

雌成螨体长0.1~0.3 mm，白色。圆锥形似胡萝卜，密生80余条环纹。近头部有足2对，腹部末端两侧各生1条细长刚毛。雄虫体形略小。卵椭圆形、淡黄色。若螨与成螨相似，体小。

葡萄瘿螨一年发生多代，成螨群集在芽鳞片内茸毛处，或枝蔓的皮孔内越冬。翌年芽膨大时开始活动为害，展叶后爬到叶背茸毛下吸食汁液，产卵繁殖。严重时嫩梢、卷须、果穗均能受害。喜在幼嫩叶片上为害。6月、7月受害最重，9月以后潜入芽内越冬。瘿螨见图3-7。

图 3-7　瘿螨

生活习性：

全国各地发生普遍，主要为害葡萄。成、若螨在叶背刺吸汁液，初期被害处呈现不规则的失绿斑块。斑块状表面隆起，叶背面产生灰白色茸毛。后期斑块逐渐变成锈褐色，被害叶皱缩变硬、枯焦。严重时也能为害嫩梢、嫩果、卷须和花梗等，使枝蔓生长衰弱，产量降低。毛毡病在高温干旱的气候条件下发生更为严重。我国中部地区除十星叶甲外，还有一种黑跗瓢萤叶甲，也严重为害葡萄，其防治方法基本相同。

防治措施：

（1）做好清园工作。冬春彻底清扫果园，收集被害叶片深埋。在葡萄生长初期，发现有被害叶片时，也应立即摘掉烧毁，以免继续蔓延。

（2）早春防治。早春葡萄芽萌动时，喷29%石硫合剂40~60倍液，以杀死潜伏在芽内的瘿螨。这次喷药是防治瘿螨的关键，在历年发生严重的园区，可在葡萄发芽后喷29%石硫合剂40~60倍液+0.3%洗衣粉的混合液，效果很好。

（3）生长季节防治。葡萄生长季节发现有瘿螨为害时，可喷5%唑螨酯悬浮剂2 500~3 000倍液、15%乙螨唑悬浮剂6 820~8 200倍液、95%矿物油乳油300~450 mL/亩或40%哒螨·乙螨唑悬浮剂5 000~6 000倍液，效果显著。

（4）苗木处理。苗木、插条均能传播瘿螨，应注意检查。定植前，最好进行消毒。消毒有两种方法：一是温汤消毒，将插条或苗木放入30~40 ℃热水中，浸5~7 min，然后移入50 ℃热水中，再浸5~7 min即可杀死潜伏的瘿螨。二是药剂消毒，用29%石硫合剂40~60倍液浸泡3~5 min，也可杀死苗木上的害螨。

8.短须螨

识别特征：

雌成虫螨体微小，一般在0.32 mm × 0.11 mm，体赤褐色，眼点红色，腹背中央红色。体背中央呈纵向隆起，体后部末端上下扁平。背面体壁有网状花纹，背面刚毛呈披针状。4对足皆粗短多皱纹，刚毛数量少，跗节有小棍状毛1根。卵大小为0.04 mm × 0.03 mm，卵圆形，鲜红色，有光泽。若虫大小为（0.13~0.15）mm ×（0.06~0.08）mm，体鲜红色，有足3对，白色。体两侧前后足各有2根叶片状的刚毛。腹部末端周缘有8条刚毛，其中第3对为长刚毛，针状，其余为叶片状。后期体淡红色或灰白色，有足4对。体后部上下较扁平，末端周缘刚毛8条全为叶片状。短须螨见图3-8。

生活习性：

一年发生6代以上。以雌成虫在老皮裂缝内、叶腋及松散的芽鳞

图 3-8　短须螨

茸毛内群集越冬。翌年3月中下旬出蛰，为害刚展叶的嫩芽，半月左右开始产卵，卵散产。全年以若虫和成虫为害嫩芽基部、叶柄、叶片、穗柄、果梗、果实和副梢。10月下旬逐渐转移到叶柄基部和叶腋间，11月下旬进入隐蔽场所越冬。短须螨在葡萄不同品种上发生的密度不同，一般喜欢在茸毛较短的品种上为害，如玫瑰香、佳利酿等品种。而叶茸毛密而长或茸毛少，很光滑的品种上数量很少，如龙眼、红富士等品种。葡萄短须螨的发生与温度、湿度有密切关系，平均温度在29 ℃，相对湿度在80%~85%的条件下，最适于其生长发育。因此，7月、8月的温度、湿度最适合其繁殖，发生数量最多。

防治措施：

（1）冬季清园，剥除枝蔓上的老粗皮烧毁，以消灭在粗皮内越冬的雌成虫。

（2）春季葡萄发芽时，用29%石硫合剂40~60倍液混加0.3%洗衣粉进行喷雾。

（3）可用4%联苯菊酯微乳剂30~50 mL/亩、40%炔螨特微乳剂1 000~2 000倍液、22%阿维・螺螨酯悬浮剂4 000~6 000倍液进行喷雾。

9. 豆蓝金龟子

识别特征：

成虫体长10~14 mm，宽6~8 mm，椭圆形，全体深蓝色，有绿色闪光。头小，复眼土黄色至黑色。鞘翅短，后部略有收狭，背面有6条略低陷的点刻沟，肩凸明显，在小盾片后方有深显横凹。臀板无白色毛斑。幼虫体长24~28 mm。肛腹片复毛区有两行纵向的刺毛列，其附近有斜向上方的长针状刺毛，上下方密生锥状短毛。豆蓝金龟子见图3-9。

图 3-9　豆蓝金龟子

生活习性：

主要以花的花穗、幼果和嫩叶为食，造成大量落花落果；嫩叶被害后形成若干孔洞，为害严重时影响光合作用和植物的产量。一年发生1代，以2~3龄幼虫在土壤中越冬。翌年3月初越冬幼虫转移至近地面的土层内活动为害。6月初至7月上旬为化蛹盛期，蛹期约2周。成虫于7月中旬至8月中旬产卵，卵产在距地面5 cm下的土层内，成虫寿命1个月左右，最长达60 d。成虫夜晚栖息于植物的花穗或叶上，白天活动，每天以9~11时和16~19时活动最盛。成虫喜食葡萄花穗、幼果和嫩叶，造成大量落花落果，也为害玉米、棉花、高粱等。

防治措施：

（1）在成虫每天上午、下午的活动盛期，振落枝蔓捕杀成虫。

（2）药剂处理土壤防治幼虫。于地面撒施5%辛硫磷颗粒剂4 200~4 800 g/亩，施后将药浅耙入土。

（3）药剂防治。药剂防治幼虫，可用40%辛硫磷乳油1 000~2 000倍液、2.5%溴氰菊酯乳油30~40 mL/亩、2.5%高效氯氟氰菊酯乳油1 000~2 000倍液喷雾。成虫发生期喷药，常用药剂有40%辛硫磷乳油1 000~2 000倍液、30%敌百虫乳油（100~150 mL/亩）。

10. 白星花金龟

识别特征：

体形中等，体长17~24 mm，宽9~12 mm。椭圆形，背面较平，体较光亮，多为古铜色或青铜色，有的为绿色，体背面和腹面散布很多不规则的白绒斑。唇基较短宽，密布粗大刻点，前缘向上折翘，有中凹，两侧具边框，外侧向下倾斜，扩展呈钝角形。触角深褐色，复眼突出。前胸背板长短于宽，两侧弧形，基部最宽，后角宽圆；盘区刻点较稀少，并具有2~3个白绒斑或呈不规则的排列，有的沿边框有白绒带，后缘有中凹。小盾片呈长三角形，顶端钝，表面光滑，仅基角有少量刻点。鞘翅宽大，肩部最宽，后缘圆弧形，缝角不突出；背面遍布粗大刻纹，肩凸的内、外侧刻纹尤为密集，白绒斑多为横波纹状，多集中在鞘翅的中、后部。臀板短宽，密布皱纹和黄茸毛，每侧有3个白绒斑，呈三角形排列。中胸腹突扁平，前端圆。后胸腹板中间光滑，两侧密布粗大皱纹和黄茸毛。腹部光滑，两侧刻纹较密粗，1~4节近边缘处和3~5节两侧中央有白绒斑。后足基节后外端角齿状；足粗壮，膝部有白绒斑，前足胫节外缘有3个齿，跗节具2个弯曲的爪。白星花金龟见图3-10。

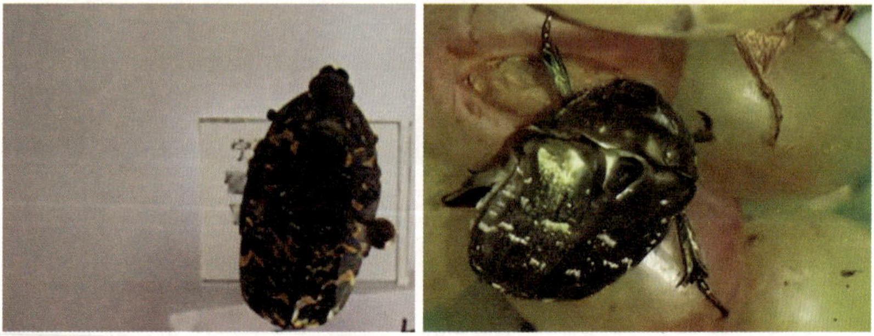

图 3-10　白星花金龟

生活习性：

一年1代，以幼虫在土中越冬。成虫5月出现，7~8月为发生盛期。有假死性。主要为害玉米（乳期）等植物的花，或为害有伤痕的或过熟的桃和苹果，吸取榆、栎类多种树木伤口处的汁液。成虫产卵于含腐殖质多的土中或堆肥和腐物堆中。幼虫（蛴螬）头小体肥大，多以腐败物为食，常见于堆肥和腐烂秸秆堆中，有时亦见于鸡窝中。以背着地，足朝上行进。干燥幼虫入药，有破瘀、止痛、散风平喘、明目去翳等功能。

防治措施：

（1）利用成虫假死习性，在成虫发生盛期、清晨温度较低时振落捕杀。金龟子发生时期，在果园里悬挂糖醋液瓶来诱杀，具有有效期长、成本低、无污染、省工省时等优点，是防治金龟子的重要方法。糖醋液是以挥发出的气味来诱杀金龟子的，盛装容器的口径越大，挥发量就越大。瓶子的口径以10~15 cm为宜，可将废旧农药塑料瓶截留下半截来用。利用颜色诱杀可以和气味诱杀相互促进，金龟子最喜食花朵，然后是果实和叶子，若把瓶色模拟成花或果实的颜色，可大大增强诱杀效果。金龟子最喜红、黄、橙、紫色，蓝、绿色次之，白色最差，可选择有色瓶，也可用颜料涂染或糊有色纸装饰瓶子外表面。瓶子需挂在树冠外围中上部无遮挡处，这样容易被远距离的虫子发现。另外，还得注意风向，需挂在上风头处。

（2）农业防治。对于蛴螬发生严重的地块，在深秋或初冬翻耕土地，不仅能直接消灭一部分蛴螬，并且将大量蛴螬暴露于地表，使其被冻死、风干或被天敌啄食、寄生等，一般可压低虫量15%~30%。避免施用未腐熟的厩肥。

（3）药剂防治。药剂防治幼虫，可用40%辛硫磷乳油1 000~2 000倍液、2.5%溴氰菊酯乳油30~40 mL/亩、2.5%高效氯氟氰菊酯乳油1 000~2 000倍液喷雾。成虫发生期喷药，常用药剂有40%辛硫磷乳油1 000~2 000倍液、80%敌百虫可溶粉剂1 000倍液。

11. 双棘长蠹

识别特征：

双棘长蠹属鞘翅目长蠹科双棘长蠹属，又名双齿长蠹、黑壳虫、戴帽，为杂食性害虫，是林木的主要害虫之一。20世纪90年代后期，多地相继发现双棘长蠹为害葡萄的现象。成虫：体长4.5~6.0 mm，宽1.8~2.6 mm，圆柱形，黑褐色，体表骨化，头小，有刻点。触角10节，着生于2个复眼之间，棕红色，末端3节膨大为栉节状。咀嚼式口器，下口式，上颚发达。卵：白色、椭圆形，大小为0.3~0.6 mm。幼虫：乳白色，蛴螬形，头小，胸部膨大，周身散布细毛。蛹：裸蛹，乳白色，长4.8~5.2 mm，宽2.0~2.3 mm，可见明显的红褐色眼点，初为乳白色，后渐变为黄色至浅黑色。双棘长蠹成虫及为害葡萄枝条症状见图3-11。

图 3-11　双棘长蠹成虫及为害葡萄枝条症状

生活习性：

我国海南岛一年发生4代，完成1代需68~98 d，平均80 d，3~5月生活周期只需46 d，11月至翌年3月为为害盛期。福建、浙江一年发生2代，幼虫3月中旬化蛹，蛹期7~10 d，4月中旬开始产卵，卵期5~10 d，5月下旬至6月上旬为孵化盛期，8月上中旬为第1代成虫羽化高峰期，第2代幼虫孵化后为害一段时间进入冬眠。甘肃天水、陕西、河南、河北，一年发生1代，10月以成虫在枝条内越冬，翌年3月中下旬出蛰并蛀食葡萄枝蔓，补充营养。4月上旬交尾后雌虫爬出坑道，在枝条表皮下产卵，卵期5~7 d，4月中下旬始见幼虫，幼虫顺枝条纵向蛀食木质部。6月中旬至7月中旬陆续化蛹，蛹期6~7 d。6月下旬成虫羽化，继续取食剩余木质部。8月下旬陆续出孔迁飞，但不为害新枝。

防治措施：

（1）生物防治。管氏肿腿蜂是双棘长蠹的天敌之一，对双棘长蠹有良好的防治效果，能有效控制双棘长蠹的种群数量。

（2）化学防治。防治时间：双棘长蠹为钻蛀害虫，只有在成虫产卵期和成虫羽化期外出活动，因此要抓住产卵期与羽化期这两个关键时期进行防治。如河南地区4月上旬及8月下旬为产卵期和羽化期，在这两个时期防治效果较好。防治药剂：选择吡虫啉、甲氨基阿维菌素等毒性较低的生物农药进行防治；使用菊酯类杀虫剂，如10%高效氯氰菊酯、10%联苯菊酯，或与新烟碱类杀虫剂25%噻虫嗪交替使用。

（3）物理防治。结合冬季修剪，彻底剪除虫蛀枝蔓和枝条，集中烧毁，杀死越冬成虫，减轻翌年为害；加强栽培管理，培养健壮树体，提高树体水分含量，有效减小双棘长蠹为害概率。

12. 十星叶甲

识别特征：

成虫体长12 mm左右，宽8.5 mm，体半圆形，似瓢虫。体黄褐色或橙褐色，鞘翅密布小细刻点，鞘翅面上共有10个黑斑。卵土黄色。幼虫老熟时体长13 mm左右，体长椭圆形，土黄或灰黄色。胸足3对较小，体背部有黑斑。蛹腹部两侧有齿状突。十星叶甲见图3–12。

图3–12　十星叶甲

生活习性：

成虫白天活动，有假死性。幼虫沿蔓上爬，先群集为害芽叶，后向上转移，3龄后分散；早、晚喜在叶面上取食，白天隐蔽，有假死性。

防治措施：

（1）消灭虫蛹，在幼虫集中化蛹时，人工刷除幼虫或蛹。

（2）保护和利用天敌，如瓢虫、太平鸟、灰喜鹊和大山雀等。

（3）药剂防治，为害期喷施25%噻虫嗪水分散粒剂4 000~5 000倍液防治。

（4）选育新品种，通过组培或基因工程繁殖抗虫新品种。

13. 二星叶蝉

识别特征：

成虫体长2~2.5 mm，连同前翅3~4 mm。淡黄白色，复眼黑色，头顶有两个黑色圆斑。前胸背板前缘有3个圆形小黑点。小盾板两侧各有1个三角形黑斑。翅上或有淡褐色斑纹。卵黄白色，长椭圆形，稍弯曲，长0.2 mm。若虫初孵化时白色，后变黄白或红褐色，体长0.2 mm。二星叶蝉见图3–13。

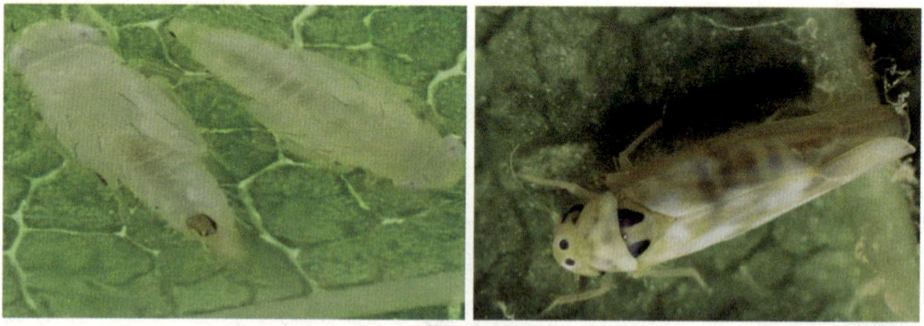

图 3–13　二星叶蝉

生活习性：

在河北北部一年发生2代，山东、山西、河南、陕西一年发生3代。成虫在果园杂草丛、落叶下、土缝、石缝等处越冬。翌年3月葡萄未发芽时，气温高的晴天，成虫即开始活动。先在小麦、毛叶苕子等绿色植物上为害。葡萄展叶后即转移到葡萄上为害，喜在叶背面活动，产卵于叶背叶脉两侧表皮下或茸毛中。第1代若虫发生期在5月下旬至6月上旬，第1代成虫在6月上中旬。以后世代交叉，第2、3代若虫期大体在7月上旬至8月初、8月下旬至9月中旬。9月下旬出现第3代越冬成虫。此虫喜荫蔽，受惊扰则蹦飞。凡地势潮湿、杂草丛生、副梢管理不好、通风透光不良的果园，发生多、受害重。葡萄品种之间也有差别，一般叶背面茸毛少的欧洲种受害重，茸毛多的美洲种受害轻。

防治措施：

（1）冬季清除杂草和落叶，翻地消灭越冬虫。

（2）夏季加强栽培管理，及时摘心、整枝、中耕、锄草、管好副梢，保持良好的通风透光条件。

（3）第1代若虫发生期比较整齐，掌握好时机，则防治有利。常用40%辛硫磷乳油1 000~2 000倍液、45%马拉硫磷乳油85~110 mL/亩、45%杀螟硫磷乳油900~1 800倍液喷雾。

14. 斑衣蜡蝉

识别特征：

成虫体长15~25 mm，翅展40~50 mm，全身灰褐色；前翅革质，基部约2/3为淡褐色，翅面具有20个左右的黑点；端部约1/3为深褐色；后翅膜质，基部鲜红色，具有黑点；端部黑色。体翅表面附有白色蜡粉。头角向上卷起，呈短角突起。卵长圆形，褐色，长约5 mm，排列成块，披有褐色蜡粉。若虫体形似成虫，初孵时白色，后变为黑色，体有许多小白斑，1~3龄为黑色斑点，4龄体背呈红色，具有黑白相间的斑点。斑衣蜡蝉见图3–14。

图3–14　斑衣蜡蝉

生活习性：

以成虫、若虫群集在叶背、嫩梢上刺吸为害，栖息时头翘起，有时可数十头群集在新梢上，排列成一条直线；引起被害植株发生煤污病或嫩梢萎缩、畸形等，严重影响植株的生长和发育。

防治措施：

（1）园艺防治。结合冬季修剪，刷除卵块。

（2）药剂防治。若虫、成虫发生期，可喷10%吡虫啉可湿性粉剂2 000~3 333倍液、2.5%高效氯氰菊酯乳油1 200~2 000倍液、2.5%溴氰菊酯乳油2 500~5 000倍液等。

（3）人工防治。冬季刮除树干上的卵块。

（4）天敌防治。保护利用若虫的寄生蜂等天敌。

15. 绿盲蝽

识别特征：

成虫体长5 mm，宽2.2 mm，绿色，密被短毛。头部三角形，黄绿色，复眼黑色突出，无单眼，触角4节丝状，较短，约为体长的2/3，第2节长等于3、4节之和，向端部颜色渐深，1节黄绿色，4节黑褐色。前胸背板深绿色，布许多小黑点，前缘宽。小盾片三角形微突，黄绿色，中央具一浅纵纹。前翅膜片半透明暗灰色，余绿色。足黄绿色，胫节末端、跗节色较深，后足腿节末端具褐色环斑，雌虫后足腿节较雄虫短，不超腹部末端，跗节3节，末端黑色。卵长1 mm，黄绿色，长口袋形，卵盖奶黄色，中央凹陷，两端突起，边缘无附属物。若虫5龄，与成虫相似。初孵时绿色，复眼桃红色。2龄黄褐色，3龄出现翅芽，4龄翅芽超过第1腹节，2、3、4龄触角端和足端黑褐色，5龄后全体鲜绿色，密被黑细毛；触角淡黄色，端部色渐深，眼灰色。绿盲蝽见图3–15。

图 3–15　绿盲蝽

生活习性：

北方一年发生3~5代，山西运城4代，陕西泾阳、河南安阳5代，江西6~7代，以卵在棉花枯枝铃壳内或苜蓿、蓖麻茎秆、茬内、果树皮或断枝内及土中越冬。翌年春季3~4月均温高于10 ℃或连续5日均温达11 ℃，相对湿度高于70%，卵开始孵化。第1、2代多生活在紫云英、苜蓿等绿肥田中。成虫寿命长，产卵期30~40 d，发生期不整齐。成虫飞行力强，喜食花蜜，羽化后6~7 d开始产卵。非越冬代卵多散产在嫩叶、茎、叶柄、叶脉、嫩蕾等组织内，外露黄色卵盖，卵期7~9 d。6月中旬棉花现蕾后迁入棉田，7月达高峰，8月下旬棉田花蕾渐少，便迁至其他寄主上为害蔬菜或果树。果树上以春、秋两季受害重。主要天敌有寄生蜂、草蛉、捕食性蜘蛛等。

防治措施：

（1）农业防治。3月以前结合积肥除去田埂、路边的杂草，消灭越冬卵，减少早春虫口基数，收割绿肥不留残茬，翻耕绿肥时全部埋入地下，减少虫量。科学合理施肥，减轻绿盲蝽的为害。

（2）化学防治。绿盲蝽抗药性弱，一般在6月至7月初，可以用药剂进行防治，如选用2.5%高效氯氟氰菊酯水乳剂1 500~2 500倍液、1%苦皮藤素水乳剂30~40 mL/亩喷雾。

16. 东方盔蚧

识别特征：

成虫：雌成虫体长3.5~6 mm，扁椭圆形，黄褐色或红褐色。体背中央有5条纵向隆脊，体背边缘有横列的皱褶。雄成虫体长1.2~1.5 mm，翅展3~3.5 mm，红褐色，翅土黄色。腹部末端有2条很长的白色蜡丝。卵：长0.2~0.25 mm，长椭圆形，半透明，初产时乳白色，后变淡黄色，孵化前变粉红色，卵面覆有蜡质白粉。若虫：初孵时为半透明，淡黄色。眼红褐色，触角、足发达，有尾毛1对。若虫不久后变黄褐色。越冬若虫体外有一层极薄的蜡层。蛹：雄蛹体长1.2~1.7 mm，暗红色。东方盔蚧见图3–16。

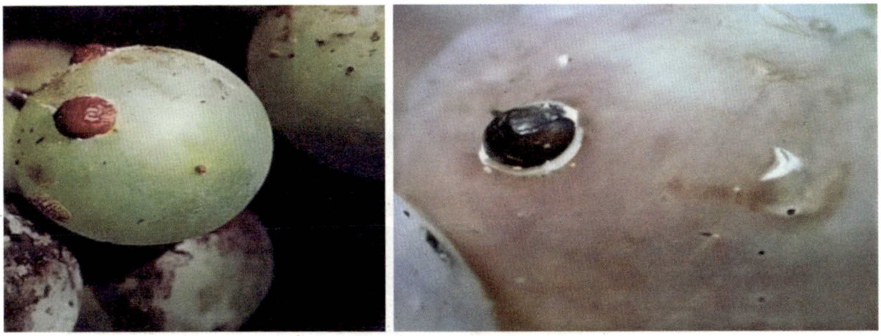

图3–16 东方盔蚧

生活习性：

在葡萄上每年发生2代，以2龄若虫在枝蔓的老皮下、大干枝、裂皮缝处、剪锯口处越冬，3月出蛰，转移到枝条上取食为害，固着一段时间后，可反复多次迁移。4月上旬虫体开始膨大，以后逐渐硬化。5月初开始产卵，5月末为第1代若虫孵化盛期，爬到叶片背面及新梢上固着为害。第2代若虫8月间孵化，中旬为盛期，10月迁回，在适宜场所越冬。天敌种类很多，主要有黑缘红瓢虫和寄生蜂等。

防治措施：

（1）杜绝虫源。注意不要采带虫接穗，苗木和接穗出圃要及时采取处理措施。果园附近防风林，不要栽植刺槐等寄主林木。

（2）利用天敌，少用或避免使用广谱性农药。

（3）药剂防治。常用药剂有10%吡虫啉可湿性粉剂2 000~2 500倍液、2.5%高效氯氟氰菊酯水乳剂1 500~2 500倍液。

17. 康氏粉蚧

识别特征：

成虫：雌成虫椭圆形，较扁平，体长3~5 mm，粉红色，体被白色蜡粉，体缘具17对白色蜡刺，腹部末端1对几乎与体长相等。触角多为8节。腹裂1个，较大，椭圆形。肛环具6根肛环刺。臀瓣发达，其顶端生有1根臀瓣刺和几根长毛。多孔腺分布在虫体背、腹两面。刺孔群17对，体毛数量很多，分布在虫体背、腹两面，沿背中线及其附近的体毛稍长。雄成虫体紫褐色，体长约1 mm，翅展约2 mm，翅1对，透明。卵：椭圆形，浅橙黄色，卵囊白色絮状。若虫：椭圆形，扁平，淡黄色。蛹：淡紫色，长1.2 mm。康氏粉蚧见图3–17。

图 3–17　康氏粉蚧

生活习性：

一般一年发生3代，以卵囊在树干及枝条的缝隙等处越冬。各代若虫孵化盛期为5月中下旬，7月中下旬和8月下旬。若虫发育期，雌虫为35~50 d，雄虫为25~37 d。雄若虫化蛹于白色长形的茧中。每头雌成虫可产卵200~400粒，卵囊多分布于树皮裂缝等处。在花木上，成虫和若虫多聚集在幼芽、嫩枝上为害。

防治措施：

（1）注意保护和引放天敌（瓢虫和草蛉）。

（2）从9月开始，在树干上束草把诱集成虫产卵，入冬后至发芽前取下草把烧毁消灭虫卵或集中深埋。

（3）药剂防治。在若虫分散转移期，分泌蜡粉形成介壳之前喷洒2.5%溴氰菊酯或高效氯氟氰菊酯乳油、20%甲氰菊酯乳油2 000~3 000倍液、20%氰戊菊酯乳油10 000~20 000倍液、10%氯氰菊酯乳油1 500~2 500倍液、45%马拉硫磷乳油450~720倍液，如用含油量0.3%~0.5%柴油乳剂或黏土柴油乳剂混用，对已开始分泌蜡粉介壳的若虫有很好的杀伤作用，可延长防治适期、提高防治效果。

18. 虎天牛

识别特征：

成虫体长16~28 mm，体黑色。前胸红褐色，略呈球形；鞘翅黑色，两鞘翅合并时，基部有X形黄色斑纹。近翅末端又有一条黄色横纹。末龄幼虫体长约17 mm，淡黄白色。前胸背板淡褐色。头甚小，无足。虎天牛见图3-18。

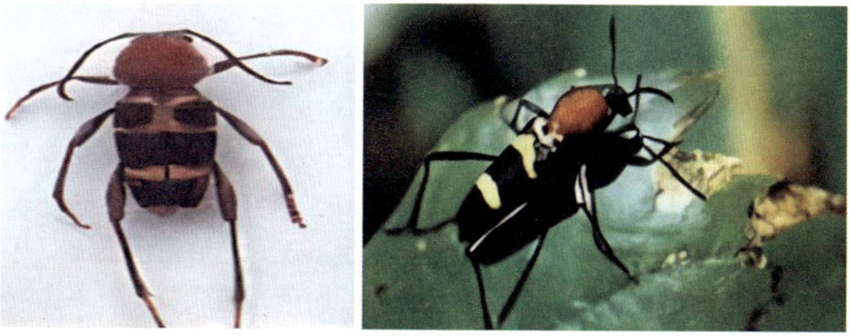

图3-18　虎天牛

生活习性：

每年发生1代，以幼虫在葡萄枝蔓内越冬。翌年5~6月间开始活动，继续在枝内为害，有时幼虫将枝横行啮切，使枝条折断。7月间老熟幼虫在枝条的咬折处化蛹。8月间羽化为成虫，将卵产于新梢基部芽腋间或芽的附近。幼虫孵化后，即蛀入新梢木质部内纵向为害，虫粪充满蛀道，不排出枝外，故从外表看不到堆粪情况，这是与葡萄透翅蛾的主要区别。落叶后，被害处的表皮变为黑色，易于辨别。虎天牛以为害1年生结果母枝为主，有时也为害多年生枝蔓。

防治措施：

（1）冬季修剪时，将为害变黑的枝蔓剪除烧毁，以消灭越冬幼虫。

（2）成虫发生期，注意捕杀成虫。生长期，根据出现的枯萎新梢，在折断处附近寻杀幼虫。

（3）发生量大时，在成虫盛发期可用1%噻虫啉微囊粉剂150~450 g/亩喷粉，8%氯氰菊酯微囊剂200~300倍液喷雾，10%甲维·吡虫啉可溶液剂1~1.5 mL/cm胸径树干注射，350 g/L吡虫啉悬浮剂4 000~5 000倍液喷雾。

19. 斑潜蝇

识别特征：

成虫小，体长1.3~2.3 mm，翅长1.3~2.3 mm，体淡灰黑色，足淡黄褐色，复眼酱红色。卵椭圆形，乳白色，大小为（0.2~0.3）mm×（0.1~0.15）mm。幼虫蛆形，老熟幼虫体长约3 mm。幼虫有3龄：1龄较透明，近乎无色；2~3龄为鲜黄色或浅橙黄色，腹末端有一对圆锥形的后气门。蛹为围蛹，椭圆形，腹面稍扁平，大小为（1.7~2.3）mm×（0.5~0.75）mm，橙黄色至金黄色。斑潜蝇见图3-19。

生活习性：

成虫、幼虫均可为害。雌成虫飞翔把植物叶片刺伤，进行取食和产卵，幼虫潜入叶片和叶柄为害，产生不规则蛇形白色虫道，叶绿素被破坏，影响光合作用，受害植株叶片脱落，造成花芽、果实被灼伤，严重的造成毁苗。该虫在南方各省年发生一般为21~24代，无越冬

图 3-19　斑潜蝇

现象，成虫以产卵器刺伤叶片，吸食汁液，雌虫把卵产在部分伤孔表皮下，卵经2~5 d孵化，幼虫期4~7 d，末龄幼虫咬破叶表皮在叶外或土表下化蛹，蛹经7~14 d羽化为成虫，每世代夏季2~4周，冬季6~8周。

防治措施：

可使用1.8%阿维・啶虫脒微乳剂45~60 mL/亩、1.8%阿维・高氯乳油55~110 mL/亩、31%阿维・灭蝇胺悬浮剂16~22 mL/亩、60%噻虫・灭蝇胺水分散粒剂20~26 g/亩、80%灭蝇胺水分散粒剂10~20 g/亩喷雾。斑潜蝇已对阿维菌素产生较为严重的抗性，当前最好的药剂为灭蝇胺。

20. 蚂蚁

识别特征：

蚂蚁一般体形小，颜色有黑、褐、黄、红色等，体壁具弹性，且光滑或有微毛。口器咀嚼式，上颚发达。触角膝状，柄节很长，末端2~3节膨大，全触角分4~13节。腹部呈结状。分有翅或无翅。前足的距离大，梳状，为净角器（清理触角用）。

蚂蚁的外部形态分头、胸、腹三部分，有6条腿。蚂蚁卵长约0.5 mm，呈不规则的椭圆形，乳白色，幼虫蠕虫状半透明。工蚁体形细小，身体长约2.8 mm，全身棕黄色，单个蚂蚁要细看才易发现。雄蚁、雌蚁体都比较粗大。腹部肥胖，头、胸棕黄色，腹部前半部棕黄色，后半部棕褐色。雄蚁体长约5.5 mm，雌蚁体长约6.2 mm。蚂蚁见图3-20。

图 3-20 蚂蚁

生活习性：

蚂蚁一般都会在地下筑巢，地下巢穴的规模非常大。它有着良好的排水、通风措施。一般工蚁负责建造巢穴。而出入口大多是一个拱起的小土丘，像火山那样中间有个洞。其次也有用来通风的洞口，巢穴里的每个房间都有明确的分类。温暖潮湿的土壤是它们的最爱。它们通常生活在干燥的地区，但鲜为人知的是，它们能勉强在水中存活两个星期。蚂蚁的寿命很长，工蚁可生存几星期至3~10年，蚁后则可存活十几年或几十年，甚至100多年。一个蚁巢在1个地方可生长1~10年。

蚂蚁对温度的反应敏感，多半在炎热天气活动。它们喜欢香甜的食品，如蛋糕、蜂蜜、麦芽糖、红糖、鸡蛋、水果核、肉皮、死昆虫等。它们能辨别道路，行动极为匆忙，如果个别工蚁死亡，尸体会被运回蚁穴。但它们不耐饥饿，在没有食物和水的情况下，经过4昼夜就会有一半死亡。

防治措施：

毒饵是由化学药剂与蚂蚁喜食的食物诱饵混合而成的。根据蚂蚁的交哺行为，一只工蚁取食毒饵后，只要其短时间内不死亡，就可将毒饵带入蚁巢，引起其他个体死亡，死亡时间一般在7 d之内，但蚂蚁蛹不进食，因此可能存活，使除蚁不彻底。保幼激素类似物毒饵即在饵料内配以保幼激素类似物，如氟啶脲，激素浓度一般为饵重的0.6%~1.5%。可用10%呋虫胺悬浮剂40倍液喷洒。

21. 蚜虫

识别特征：

蚜虫是繁殖最快的昆虫。蚜虫俗称腻虫或蜜虫等，蚜虫为多态昆虫，同种有无翅和有翅，有翅个体有单眼，无翅个体无单眼。具翅个体2对翅，前翅大，后翅小，前翅近前缘有1条由纵脉合并而成的粗脉，端部有翅痣。第6腹节背侧有1对腹管，腹部末端有1个尾片。其中小蚜属、黑背蚜属及否蚜属为中国特有属。

体长1.5~4.9 mm，多数约2 mm。有时被蜡粉，但缺蜡片。触角6节，少数5节，罕见4节，感觉圈圆形，罕见椭圆形，末节端部常长于基部。眼大，多小眼面，常有突出的三小眼面眼瘤。喙末节短钝至长尖。腹部大于头部与胸部之和。前胸与腹部各节常有缘瘤。腹管通常管状，长常大于宽，基部粗，向端部渐细，中部或端部有时膨大，顶端常有喙突，表面光滑或有瓦纹或端部有网纹，罕见生有或少或多的毛，罕见腹管环状或缺。尾片圆锥形、指形、剑形、三角形、五角形、盔形至半月形。尾板末端圆。表皮光滑，有网纹或皱纹或由微刺或颗粒组成的斑纹。体毛尖锐或顶端膨大为头状或扇状。有翅蚜触角通常6节，第3或第3~4或第3~5节有次生感觉圈。前翅中脉通常分为3支，少数分为2支。后翅通常有肘脉2支，罕见后翅变小，翅脉退化。翅脉有时镶黑边。身体半透明，大部分是绿色或是白色。蚜虫见图3-21。

图3-21　蚜虫

蚜虫分有翅、无翅两种类型，体色为黑色，以成蚜或若蚜群集于植物叶背面、嫩茎、生长点和花上，用针状刺吸口器吸食植株的汁液，使细胞受到破坏，生长失去平衡，叶片向背面卷曲皱缩，心叶生长受阻，严重时植株停止生长，甚至全株萎蔫枯死。蚜虫为害时排出大量水分和蜜露，滴落在下部叶片上，引起霉菌病发生，使叶片生理机能受到障碍，减少干物质的积累。

生活习性：

腹部有管状突起（腹管），蚜虫具有1对腹管，用于排出可迅速硬化的防御液，成分为甘油三酸酯，腹管通常管状，长常大于宽，基部粗，吸食植物汁液，为植物大害虫。蚜虫不仅阻碍植物生长，形成虫瘿，传播病毒，而且造成花、叶、芽畸形。蚜虫生活史复杂，无翅雌虫在夏季营孤雌生殖，卵胎生，产幼蚜。植株上的蚜虫过密时，有的长出两对大型膜质翅，寻找新宿主。夏末出现雌蚜虫和雄蚜虫，交配后，雌蚜虫产卵，以卵越冬。温暖地区可无卵期。蚜虫有蜡腺分泌物，所以许多蚜虫外表像白羊毛球。

蚜虫的繁殖力很强，一年能繁殖10~30个世代，世代重叠现象突出。雌性蚜虫一生下来就能够生育。而且蚜虫不需要雄性就可以怀孕（即孤雌繁殖）。

蚜虫与蚂蚁有着和谐的共生关系。蚜虫带吸嘴的小口针能刺穿植物的表皮层，吸取养分。每隔一两分钟，这些蚜虫会翘起腹部，开始分泌含有糖分的蜜露。工蚁赶来，用大颚把蜜露刮下，吞到嘴里。一只工蚁来回穿梭，靠近蚜虫，舔食蜜露，就像奶牛场的挤奶作业。蚂蚁为蚜虫提供保护，赶走天敌；蚜虫也给蚂蚁提供蜜露，这是一个合作两利的交易。

防治措施：

（1）植物防治。①烟叶：1 kg干烟叶浸泡在10 kg热水中，揉搓后捞出，加10 kg水浸泡一昼夜，揉搓后过滤。将两次滤液混合，与含有0.5 kg石灰的水溶液10 kg均匀混合喷雾。②橘皮、辣椒：干橘皮1 kg与干辣椒0.5 kg，混合后捣碎，用10 kg清水煮沸，浸泡24 h，过滤后的浸出液即可喷施。该液具有触杀作用，蚜虫受药后很快死亡。③蓖麻叶：用鲜蓖麻叶浸泡于两倍水中，煮15 min后过滤喷施。

（2）物理防治。①黄色板诱蚜：利用蚜虫趋黄性，将纤维板、木板或硬纸板涂成黄色，外涂10号机油或凡士林等黏着物诱杀有翅蚜虫。注意应及时更换黄色板。②银灰色避蚜：银灰色对蚜虫有较强的驱避性，可在园内挂银灰色塑料条或用银灰色地膜覆盖驱避蚜虫。该法对蚜虫迁飞传染病毒有较好的防治效果。③蚜虫信息素诱蚜：将蚜虫信息素（400 uL）滴入小棕色塑料瓶中，瓶塞上打个直径1 mm的小孔，将瓶悬挂在园中，在其下放置水盆，使诱来的蚜虫落水而死。

（3）农业防治。及时清园，采摘后的果园及时处理枯枝、落叶、杂草，修剪去除老叶、病叶、黄叶，并带出园外集中烧毁，冬季或早春喷洒灭生性除草剂杀死田间杂草，兼灭杂草上越冬的蚜虫卵，减少虫源。

（4）生物防治。蚜虫天敌有瓢虫、草蛉、食蚜蝇、蜘蛛、小花蝽、蚜茧蜂、蚜小蜂等80余种，可引种、繁殖或释放。在天敌主要繁殖季节重视协调化防，减少用药次数，选用低毒农药。

（5）化学防治。①喷施2.5%鱼藤酮乳油100~150 g/亩，7~10 d喷施1次，2~3次即可，以清除杂草，消灭越冬虫卵。②在新叶长出后，发现新梢叶片上已有蚜虫，在没有卷叶前全树喷10%吡虫啉可湿性粉剂1 000~1 500倍液防治。如发现卷叶在7 d后再喷1次。③选择高效、低毒、低残留的药剂，轮换交替使用，以延缓蚜虫抗药性的产生，如10%吡虫啉可湿性粉剂1 000~1 500倍液、1.8%阿维菌素乳油3 000~4 000倍液、25 g/L高效氯氟氰菊酯乳油（20~30 mL/亩）等。使用400~500倍液洗衣粉喷杀蚜虫效果也较好。

22. 根瘤蚜

识别特征：

体长1 mm左右。体表无或有时有蜡粉。无翅蚜及幼蚜，触角3节，只有一感觉圈。眼只有三小眼面。头部和胸部之和大于腹部。尾片半月形。缺腹管，罕见有产卵器。有翅蚜触角3节，只有2个纵长感觉圈。前翅有3斜脉：1根中脉和2根共柄或基部接近的肘脉，后翅缺斜脉。静止时翅平叠于背面。中胸盾片不分为两片。性蚜无喙，不活泼。孤雌蚜和雌性蚜均卵生。根瘤蚜见图3–22。

图 3-22　根瘤蚜

生活习性：

葡萄根瘤蚜主要为害根部，也可为害叶片。欧洲系葡萄只有根部被害，而美洲系葡萄和野生葡萄的根和叶都可被害。须根被害后肿胀，形成菱角形或鸟头状根瘤，虫子多在凹陷的一侧（不在根瘤内部而在外部）。侧根和大根被害后形成关节形的肿瘤，虫子多在肿瘤缝隙处。

由于根部养分被刺吸和受害，根系吸收、输送水分和养分功能削弱，并且刺吸后的伤口，造成根系微生物的繁衍和侵入，导致被害根系腐烂、死亡，从而严重破坏根系对水分和养分的吸收、运输，造成树势衰弱，影响发芽、花芽形成、开花结果，严重时可造成植株死亡。叶片被害后，在叶背面形成虫瘿（开口在叶片正面），阻碍叶片正常生长和光合作用。葡萄根瘤蚜为害根，造成根系的腐烂和死亡，是其毁灭性为害的原因。

防治措施：

（1）严格检疫措施，防止此虫的传播。苗木调运前和栽种前，进行消毒处理；疫区以栽种抗虫砧木嫁接苗，结合药剂防治等综合措施。此外，沙土地对葡萄根瘤蚜生长不利，疫区的沙土地育苗是防治方法之一。

（2）苗木、种条的消毒方法。有机磷农药消毒：①辛硫磷处理：使用40%辛硫磷乳油800~1 000倍液，浸泡枝条或苗木15 min，捞出晾干后调运（调运前或苗木调运到目的地处理后栽种）。②温水处理：水的温度在52 ℃下，浸泡枝条、根系5 min。最好先在43~45 ℃的水中浸泡20~30 min，然后再用52~54 ℃水处理。

（3）化学防治。施用农药只能作为压低种群数量的临时性措施。在每年4~5月及9~10月两个葡萄根系快速生长期之前，每个时期使用1~2次化学药剂，每年用药2~4次，两次药剂的间隔期应在7~15 d。防治药剂有20%啶虫脒可湿性粉剂（5~10 g/亩喷雾）、25%吡蚜酮可湿性粉剂（16~18 g/亩）、70%吡虫啉水分散粒剂（2.5~3.5 g/亩）、50%氟啶虫胺腈水分散粒剂（3~5 g/亩）等。

23. 胡蜂

识别特征：

胡蜂的口器为咀嚼式，触角具12或13节。通常有翅，胸腹之间以纤细的“腰”相连。雌体具可怕的螯刺。成虫主要以花蜜为食，但幼虫以母体提供的昆虫为食。已知有20 000多种，绝大部分为独栖，社会性的黄蜂仅限于胡蜂超科（Vespoidea）胡蜂科（Vespidae）的约1 000种，还包括大胡蜂及黄衣小胡蜂类。这些种类与蛛蜂科（Pompilidae，同属胡蜂超科）种类和其他黄蜂类的不同之处是休息时其翅纵向折叠。

胡蜂成虫时期的身体外观亦具有昆虫的标准特征，包括头部、胸部、腹部、三对脚和一对触角；同时，它的单眼、复眼与翅膀，也是多数昆虫共有的特征；此外，腹部尾端内隐藏了一支退化的输卵管，即有毒蜂针。成虫体多呈黑、黄、棕三色相间，或为单一色。具大小不同的刻点或光滑。茸毛一般较短。足较长。翅发达，飞翔迅速。静止时前翅纵折，覆盖身体背面。口器发达，上颚较粗壮。雄蜂腹部7节，无螯针。雌蜂腹部6节，末端有由产卵器形成的螯针，上连毒囊，分泌毒液，毒力较强。蛹为离蛹，黄白色，颜色随龄期而加深。头、胸、腹分明，主要器官均明显可见。很多蜾蠃以蛹越冬。幼虫梭形，白色，无足。体分13节。胡蜂的毒素分溶血毒和神经毒2类，可引起人肝、肾等脏器的功能衰竭，特别是蜇到人血管上有生命之忧，过敏体质的人会有危险。胡蜂毒刺上无毒腺盖，可对人发动多次袭击或蜇人。胡蜂见图3-23。

图 3-23　胡蜂

生活习性：

胡蜂为有社会性行为的昆虫类群。蜾蠃科的种类平时无巢，营自由生活，在产卵时，由雌蜂筑一泥室或选择合适的竹管，产卵其中，同时储藏在捕来之后经螯刺麻醉的其他类昆虫的幼虫或蜘蛛。一室一卵，分别封口，由卵孵出的幼虫取食所储存的猎物。化蛹和羽化成蜂以后，即咬破巢口飞出。

一般气温在12~13 ℃时，胡蜂出蛰活动，16~18 ℃时开始筑巢，秋后气温降至6~10 ℃时越冬。春季中午气温高时活动最勤，夏季中午炎热，常暂停活动。晚间归巢不动。有喜光习性。风力在3级以上时停止活动。相对湿度在60%~70%时最适于活动，雨天停止外出。胡蜂嗜食甜性物质。在500 m范围内，胡蜂可明确辨认方向，顺利返巢，超过500 m则常迷途忘返。

防治措施：

（1）防范法。春季至夏季在胡蜂造巢取材的牛粪中喷洒农药。

（2）诱杀法。在广口瓶内装入3/4的蜜醋（稀食醋调入蜂蜜），挂在蜂场附近诱杀胡蜂。

第四部分 病虫害综合治理

一、病虫害综合治理的理念

病虫害综合治理的理念是对农业有害生物进行科学管理的体系，它从农业生态系统总体出发，根据有害生物与环境之间的相互关系，充分发挥自然控制因素的作用，因地制宜协调应用必要的措施，将有害生物控制在经济允许水平之下，以获得最佳的经济、社会和生态效益。病虫害综合治理是建立在成本效益分析基础上的有害生物控制的决策支持系统，最大限度地减少对人类健康、环境和非靶标生物的不利影响，充分考虑到所有可行的有害生物防治措施和生产者、社会和环境的利益，综合评价各种防治技术、栽培技术、气象，以及其他有害生物和被保护植物之间的相互作用和影响后，协调选用控制有害生物的技术和方法。

二、绿色防控技术

病虫害绿色防控是对有害生物综合治理和我国植保方针的深化和发展，是在生态学理论指导下的农业有害生物综合防治技术的概括。绿色防控是避免农药残留超标、保障农产品质量安全的重要途径，是降低农产品生产成本、提升种植效益的重要措施。

（一）绿色防控策略

绿色防控以生态学原理为基础，把有害生物作为其所在生态系统的一个组成部分来研究和控制。强调各种防治方法的有机协调，尤其是强调最大限度地利用自然调控因素，尽量减少使用化学农药。强调对有害生物的数量进行调控，不强调彻底消灭，注重生态平衡。

1. 病虫害田间调查 病虫害田间调查，是分析病虫发生情况、估计病虫为害损失、病虫害预测预报和制订病虫防治规划的科学依据，是农业有害生物科学、高效、精准防控的前提。病虫害调查内容包括：发生及为害情况调查、病虫和天敌发生规律调查、越冬情况调查和防治效果调查。

2. 重视农业栽培措施 从土壤、肥料、水、品种和栽培措施等方面入手，培育健康作物。培育健康的土壤生态，良好的土壤生态是农作物健康生长的基础。采用抗性或耐性品种，抵抗病虫害侵染。采用适当的肥料、水，以及间作、套种等科学栽培措施，创造不利于病虫生长和发育的条件，从而抑制病虫害的发生与为害。

3. 加强病虫害预防 从生态学入手，改造病菌的滋生地和害虫的虫源地，破坏病虫害的生态循环，减少菌源或虫源量，从而减轻病虫害的发生或流行。根据病害的循环周期及害虫的生活史，采取物理、生态或化学调控措施，破坏病虫繁殖的关键环节，从而抑制病虫害的发生。

4. 发挥农田生态调控 发挥农田生态系统的服务功能，其核心是充分保护和利用生物多样性，降低病虫害的发生程度。既要重视土壤和田间的生物多样性保护和利用，同时也要注重田边地头的生物多样性保护和利用。生物多样性的保护和利用不仅可以抑制田间病虫暴发成灾，而且可以在一定程度上抵御外来病虫害的入侵。

5. 发挥生物防治的作用 绿色防控注重生物防治技术的采用与发挥生物防治的作用。通过农田生态系统设计和农艺措施的调整来保护与利用自然天敌，从而将病虫害控制在经济损失允许水平以内。也可以通过人工增殖和引进释放天敌，使用生物制剂来防治病虫害。

6. 科学使用化学农药 通过优先选用生物农药和环境友好型化学农药，采取对症下药、适时用药、精准施药、交替轮换、科学混配等技术，遵守农药安全使用间隔期，推广高效植保机械，开展植保专业化统防统治，最大限度降低农药使用造成的负面影响。

（二）病虫害防控方法

1. 植物检疫 植物检疫是一项法规防治措施，是指由国家颁布条例和法令，对植物及其产品，特别是苗木、接穗、插条、种子等繁殖材料进行管理和控制，防止危险性病、虫、杂草等传播蔓延。

2. 农业防治法 农业防治法是通过改革种植制度和改进栽培技术，调节寄主植物、病虫害和环境条件之间的关系，创造有利于作物生长发育而不利于病虫害发生的条件，从而消灭或控制病虫害的防治方法。

（1）选用抗病虫品种。通过选用抗病虫品种来防治病虫害是一种经济有效的防治措施，可以代替或减少农药的使用，避免和减轻农药带来的残毒和环境污染问题，大量节省田间防治费用。

（2）改革种植制度。

1）合理轮作。轮作只对寄主范围较窄的病虫害有效，不同病虫害的轮作年限主要取决于病虫害在土壤中的存活期限。

2）合理间作、套作。不同作物实行合理间作或套作，往往可以控制或者减轻某些病虫害的发生。但应注意，如间作、套作不合理，反而会加重病、虫、杂草等有害生物的为害。

3）合理的作物布局。合理的作物布局可以阻止病虫害扩散蔓延或交叉侵染，有效地控制害虫、延缓病害流行的时间，降低某些病虫害暴发的风险性。但如作物布局不合理，则会为多种有害生物提供各自需要的寄主植物，从而形成全年的食物链或侵染循环条件，使寄主范围广的有害生物获得更充分的食料。

（3）培育无病虫壮苗。有些病虫害随种子和苗木传播，培育无病虫壮苗是防治种苗传播病虫害的有效措施。可采取无病虫圃培育种苗、无病虫株采种、组织培养脱毒育苗等措施培育无病虫壮苗。

（4）改进栽培技术。

1）耕翻整地。及时耕翻整地可改变土壤环境，生活在土壤中和以土壤、病残体为越冬场所的病虫经日晒、干燥、冷冻、深埋或被天敌捕食等得到控制。冬耕、春耕或结合灌水常是有效的防治措施，对生活史短、发生代数少、寄主专一、越冬场所集中的病虫，防治效果尤为显著。耕翻土地有利于根系生长发育、提高植物的抗病能力，能减轻病害特别是根部病害的发生。

2）调整播期与定量播种。适当调整播期可以在不影响作物生长的前提下，使作物易受害的生育阶段避开病虫发生侵染盛期，减少病虫为害造成的损失。另外，适当的播种量、播种深度和方法，结合种子和苗木的药剂处理等，可促使苗齐苗壮，并影响田间小气候，从而控制有害生物的发生和为害。

3）加强栽培管理。调节水分：土壤水分过多可造成植株徒长、植株组织柔嫩、抗性降低，易发生病害。土壤含水量过低，不利于植株的生长发育，降低植物的抗病性；灌溉可使害虫处于缺氧状况下窒息死亡，冬灌能够破坏多种地下越冬害虫的生存环境，减少虫口密度。

合理施肥：施肥对植物的生长发育及抗病虫能力都有较大影响。适当增加有机肥的施用量，可以改善土壤的理化性状，改良土壤微生物区系，促进根系发育，提高植株的抗病性。施用腐熟有机肥，可杀灭其中的病原物和害虫；合理施用氮、磷、钾肥，可减轻病虫为害程度；氮肥过多易导致作物生长柔嫩，田间郁闭阴湿有利于一些喜高湿的病虫害发生。

及时除草：可消灭一些病虫的中间寄主、越冬场所和传毒媒介等，从而减轻病虫为害。

清洁田园：在园艺植物生长期，将受病虫为害的叶、果、株及时摘除或拔掉，以免病虫害在田间扩大蔓延；有些杂草往往是某些害虫繁殖、潜藏的场所或病毒的野生寄主，应将田边地头的杂草清除干净；采收园艺植物后，遗留于田间的残株败叶是多种害虫和病原物越冬和繁衍的主要场所，及时清除病残体对减少田间病源和虫源基数有重要作用。

4）适期采收与合理储藏。采收的时期、方法、工具及收获后的处理也与病虫发生密切相关。例如，果品的采收时间、采收和储藏过程中造成伤口的多少，以及储藏期的温度、湿度条件等，都会直接影响储藏期病害的发生和程度。干燥不利于病原物的活动，许多果品，如枣和核桃等可以干燥保存。

农业防治的优点是不需要过多的额外投入，可与其他常规栽培管理结合进行；有效的农业防治措施可在大范围内减轻有害生物的发生程度，甚至可以持续控制某些有害生物的大发生。当然，农业防治也具有很大的局限性。首先，农业防治必须服从丰产要求，不能单独从有害生物防治的角度去考虑问题。其次，农业防治措施往往在控制一些病虫害的同时，引发另外一些病虫害，因此，实施农业防治时必须对当地主要病虫害综合考虑，权衡利弊，因地制宜。再次，农业防治具有较强的地域性和季节性，且多为预防性措施，在病虫害已经大发生时，单独使用有时收效慢、效果差。

（三）生物防治法

生物防治法是利用有益生物或其代谢产物防治有害生物的方法，其原理和方法主要有：利用有益生物保护植物，使之免受或少受病原物侵染，避免或减轻病害的拮抗作用、竞争作用、交互保护作用；利用天敌昆虫防治害虫及应用生物农药等。

1. 拮抗作用和竞争作用　拮抗作用是利用一种微生物的存在和发展限制另一种微生物的存在和发展。竞争作用是利用有些微生物生长繁殖很快，与病原物争夺空间、营养、水分及氧气，从而控制病原物的繁殖和侵染。

2. 交互保护作用　用致病力弱的株系（生产上称为弱毒疫苗）保护植物免受强致病力株系侵染。

3. 利用天敌昆虫

（1）利用寄生性天敌与捕食性天敌：天敌昆虫按其取食特点可分为寄生性天敌和捕食性天敌两大类。寄生性天敌昆虫总是在生长发育的某一个时期或终身附着在害虫的体内或体外，并摄取害虫的营养物质来维持生长，从而杀死或致残某些害虫，使害虫种群数量下降。捕食性天敌则通过直接杀死害虫取食。

（2）利用本地天敌：自然界天敌资源丰富，在各类作物种植区均存在大量的自然天敌，充分利用本地天敌抑制有害生物是害虫生物防治的基本措施。可采用提供适宜的替代寄主、栖息和越冬场所，结合农业措施创造有利于天敌的环境，避免农药对天敌的大量杀伤等措施，增加农业生态系统中有益生物的种类。利用本地天敌一般不需要增加费用和花费很多人工，方法简单且易于被种植者接受。

（3）引进和释放天敌：可以增加田间有益生物的种类和数量。引进天敌要考虑天敌对害虫的控制能力，天敌被引入后在新环境下的生态适应和定殖能力，防止天敌引进时带入其他有害生物，或引进的天敌在新环境下演变成有害生物。

4. 应用生物农药 生物农药作用方式特殊，防治对象专一，且对人类和环境的潜在为害比化学农药小，因此被广泛地应用于有害生物防治中。

（1）生物杀菌剂。包括真菌杀菌剂、细菌杀菌剂和抗生素杀菌剂等，如木霉菌、枯草芽孢杆菌、多抗霉素等。

（2）生物杀虫（螨）剂。包括植物、真菌、细菌、病毒、抗生素和微孢子虫制剂。植物杀虫剂种类较多，如除虫菊素、鱼藤酮、楝素、印楝素和苦参碱等。真菌杀虫剂有白僵菌和绿僵菌等。细菌杀虫剂主要有苏云金杆菌和短稳杆菌，还有病毒制剂核型多角体病毒、杀虫（螨）剂阿维菌素、杀线虫的蜡质芽孢杆菌等。

5. 应用生化农药 生化农药指经人工模拟合成或从自然界的生物源中分离或派生出来的化合物，如昆虫信息素和昆虫生长调节剂等。性信息素用于害虫的诱捕、交配干扰或迷向防治。灭幼脲、烯虫酯、抑食肼等昆虫生长调节剂会导致幼虫不能正常蜕皮，造成畸形或死亡，对多种害虫具有很好的防治效果。

（四）物理防治法

物理防治法是利用物理因子或机械作用及器具防治有害生物。如高温、干旱、冷藏、气调储藏等因素对病虫害有抑制作用，可影响病虫害的发生发展速度及严重程度。

1. 温度处理 利用日光晒种可防治许多储粮害虫；利用50～55 ℃的温汤浸种，可杀死一些种子上所带的病菌；利用70 ℃的高温干热灭菌，可杀死种子上的多种病菌；通过覆盖塑料薄膜提高土壤温度，可以消灭土壤中的病菌和害虫；用50～70 ℃的高温堆沤粪肥2～3周，可杀死其中的许多病菌；利用高温闷棚，除可杀灭霜霉病菌外，还可杀死棚内的飞虱和蚜虫等害虫。在较低的温度条件下，病原物难以繁殖或侵染寄主，所以常用冷藏或速冻的方法来储存果品，延长果品的货架期。

2. 射线处理　射线处理是利用电磁辐射进行有害生物防治的物理防治技术。可在小范围内用电波、γ射线、X射线、红外线、紫外线、激光和超声波等直接杀虫、杀菌或使害虫不育来防治害虫。

3. 捕杀法　指根据害虫习性、发生特点和发生规律所采用的直接杀死害虫或破坏害虫栖息场所进行捕杀。包括冬季清园刮除老翘皮，人工摘除卵块、虫苞和捕杀幼虫，清除土壤表面的美洲斑潜蝇虫蛹和清除被害叶，利用某些害虫的假死性，人工振落害虫并集中消灭等。

4. 诱杀法　许多昆虫都具有不同程度的趋光性，对光波（颜色）有选择性。生产上可利用害虫对光的趋性，采用黑光灯、黄板、银灰膜引诱或驱避多种害虫。有些害虫对食物气味有明显趋性，可以配制适当的食饵诱杀害虫。也可利用害虫具有选择特殊环境潜伏的习性诱杀害虫。

5. 阻隔法　在自然界，由于害虫分布和栖息场所的局限性，采用套袋、防虫网、覆盖地膜和涂白树干等方法，隔离害虫与植物的接触，可以有效地保护植物免受害虫为害。病害防治也可采用阻隔病原物使其不能与寄主接触的措施，包括对危险性大、主要依靠人为因素远距离传播的病害执行检疫；对于经苗木、接穗、插条等繁殖材料传播的病害，采用无病繁殖材料或对带病材料进行消毒处理；对经昆虫、螨类传播的病害防治媒虫；对于有一定传播距离的病害则可采用寄主与病原隔离的措施。阻隔法一般对经风雨及人为因素传播的病害有效，对经昆虫及其他动物传播的病害部分有效，对经气流传播的病害效果一般较差。

6. 刮皮剪枝　治疗果树的腐烂病，可直接用快刀将病组织刮干净或在刮净后对其涂药，剪除病枝。当病斑绕树干一周时，还可采用桥接的办法沟通营养，恢复树势，挽救重病树。刮除枝干轮纹病斑可减轻果实轮纹病的发生。

（五）化学防治法

化学农药对防治对象具有高效、速效、使用轻便、经济效益高等优点，在控制农业有害生物、保证农业丰收方面起到了不可代替的作用。但是，农药也可污染环境、造成农副产品中农药残留超标、导致人畜和有益生物中毒死亡、对农作物产生药害、杀伤有益生物、致使病虫产生抗药性等不良后果。这些问题引起了全世界的广泛关注。目前主要通过轮换或复配使用、采用适宜的施药方法、减少用药次数、与其他方法配合使用等措施充分发挥化学防治的优点，减轻其不良作用。

三、农药科学安全使用

随着我国现代农业的发展和对环境保护的重视，人们对农药及其使用技术提出了更高的要求。农药的安全科学使用，不仅可以减少农药用量，减少人畜中毒，减轻环境污染，延缓有害生物抗药性的发展，避免对有益生物的伤害，而且可以提高有害生物综合防控的技术和水平，获得良好的社会、经济和生态效益，使农药在农业生产中发挥更积极的作用。

（一）农药的作用原理与分类

我国登记的农药成分有700多个，农药剂型120多种，农药种类繁多，其作用方式、防治对象和性质各不相同。使用农药时，必须根据其特点选择合适的农药种类，才能充分发挥农药的作用，以获得预期的防治效果。

1. 杀菌剂的作用方式与分类　杀菌剂是指在一定剂量或浓度下，

能杀死植物病原菌或抑制其生长发育的药剂。杀菌剂的作用方式有化学保护、化学治疗和化学免疫三种。

（1）化学保护是在植物未患病前喷洒杀菌剂预防植物病害的发生。

（2）化学治疗是在植物发病或感病后施用杀菌剂，使之对被保护的植物或病原菌起作用，或改变病原菌的致病过程，从而达到减轻或消除病害的目的。根据病原菌对植物的侵染程度和用药方式，化学治疗可分为表面化学治疗和内部化学治疗。

（3）化学免疫是利用化学物质使被保护作物获得对病原菌的抵抗能力，如乙膦铝诱导植物的免疫反应。

2. 杀虫剂的作用方式与分类 杀虫剂是指用来防治农、林、卫生、粮食及畜牧等方面害虫的药剂，具有多种作用方式。

（1）胃毒作用：药剂随食物进入消化道中，被中肠吸收后引起昆虫中毒致死。

（2）触杀作用：药剂透过昆虫的体壁进入体内或封闭昆虫的气门，使昆虫中毒或窒息死亡。

（3）内吸作用：药剂能被植物吸收并可在其体内输导到植株各部分，如昆虫取食时发生中毒。

（4）熏蒸作用：杀虫剂气化产生有毒气体，通过昆虫的呼吸系统进入体内，使昆虫中毒致死。

（5）杀卵作用：药剂与虫卵接触后阻止卵发育或使虫卵中毒死亡。

（6）特异性杀虫作用：药剂本身没有毒杀害虫的能力，却具有忌避、拒食、黏捕、不育、生长调节及致诱特异性作用。

常用杀虫剂大都以触杀作用为主，兼有胃毒作用，少数品种具有熏蒸作用。

（二）农药的剂型与制剂

高效、安全、环境友好是农药剂型的发展方向。选择农药时，要根据使用条件、施药机具和防治对象等，有针对性地选用适当的农药剂型，保证农药效果的充分发挥，提高农药使用效率，减少对农业生态环境的影响。

（1）农药的剂型。绝大多数农药原药不溶或难溶于水而不能直接兑水使用，或往往呈块状或油状而不易加工成粉剂使用，又因单位面积上需用原药量很少，使之难以在大面积田块上均匀撒施。通过加工将农药原药制成具有特定理化性能的分散体形式，称为农药剂型，如乳油、悬浮剂、可湿性粉剂、水分散粒剂等。通过对农药进行剂型加工，可以改善其物理性状，提高其分散性，并使其能适应各种施药技术，发挥有效成分的最大效果，使高毒农药低毒化，增加对人畜的安全性，减少环境污染和对生态平衡的破坏，延缓抗药性的发展，延长农药的使用寿命，提高使用农药的效率并扩大应用范围。与农药原药混用或通过加工过程与原药混合，改善制剂理化性质、提高药效的物质，统称为农药辅助剂，简称农药助剂，主要有填充剂、溶剂、润湿剂、乳化剂、分散剂、黏着剂、稳定剂、增效剂等。一般助剂本身没有生物活性，但对农药制剂的药效性能却有极大的影响。

（2）农药制剂。一种农药为适应不同防治对象、使用方法等的需求，制成剂型和有效成分含量不同的产品，称为农药制剂，是农药商品流通的主要形式。农药制剂的名称通常由三部分组成，第一部分为有效成分含量，常用质量（体积）分数来表示，如“%”“g/L”，生物制剂常用“活芽孢/g”“IU/mg”，第二部分为有效成分的通用名称，第三部分为加工剂型的名称，如“70%代森锰锌可湿性粉剂”“20%吡唑醚菌酯悬浮剂”等。农药常用剂型的使用方法及特点见表4–1。

表4–1　农药常用剂型的使用方法及特点

类型	剂型名称（代码）	组分	使用方法	优点	缺点
固体制剂	片剂（TB）	原药+填料+润湿剂+分散剂+崩解剂	直接使用或兑水喷雾	质量稳定，便于储存、运输；无飘移，对环境污染轻	易吸潮，对包装要求严格
	可湿性粉剂（WP）	原药+填料+润湿剂+分散剂	兑水常量喷雾、毒饵和土壤处理	生产成本较低，便于储存、运输；附着性强，飘移少，对环境污染轻	不耐储存，长期存放和堆压后，悬浮率下降
	可溶粉剂（SP）	原药+填料（水溶性）+助剂（分散剂等）	兑水喷雾、喷淋等	不含有机溶剂，药害和环境污染轻；有效成分含量高，运输、包装、加工成本低	生产过程中容易飘移，对环境造成污染
	颗粒剂（GR）	原药+载体+助剂（黏结剂、崩解剂、润湿剂、分散剂、着色剂等）	丢芯、撒施、点施； 高毒农药颗粒剂土壤处理、沟施等	施用方便，不易产生药害；高毒农药低毒化；可控制药剂有效成分的释放速度，残效期长；沉降性好，减少了环境污染；靶标性强，对天敌等有益生物影响小	运输成本较高，使用范围比较窄
	水分散粒剂（WDG）	原药+润湿剂+分散剂+崩解剂+黏结剂+载体	常量喷雾、泼浇、拌种、浸种、毒土等	悬浮率高、分散性和稳定性好，药效高；有效成分含量高，流动性好，不沾包装物，易于包装和运输；性能稳定，无粉尘，对环境污染小	加工过程较复杂，成本较高

续表

类型	剂型名称（代码）	组分	使用方法	优点	缺点
固体制剂	烟剂（FU）	原药+燃料+助燃剂+消燃剂	熏蒸	使用方便，节省劳力，防治效果好，可以扩散到其他防治方法不能达到的地方；适宜于仓库、大棚、温室的病虫害防治等	加工、包装过程有一定的危险性，车间、设备要求防爆
液体制剂	乳油（EC）	原药+有机溶剂+乳化剂	常量喷雾、兑水泼浇、拌种、浸种、毒土、涂茎等	有机溶剂对昆虫和植物表面的蜡层具有溶解作用，渗透力强、耐雨水冲刷；使用方式多样；药效高	耗费大量的有机溶剂，成本较高，易造成环境污染，使用不当易产生药害或发生中毒事故
	超低容量液剂（UL）	原药+溶剂（+助溶剂、化学稳定剂等）	直接或稀释后喷雾	具有良好的黏附性和渗透性，使用时喷液量小，不易流失，利用率高；粒子超细，对蜡质层亲和性强，药效高	雾粒细，风大时不能使用；药剂浓度高，油溶剂渗透力强，使用不慎易引起药害
	悬浮剂（SC）	原药+湿润剂+增黏剂+稳定剂+防冻剂+消泡剂等	常量喷雾、低容量喷雾、涂茎、拌种、浸种等	成本低，减少药害，对人的毒性低；粒径小，附着力强，持效期长，生产、储运比较安全、方便	物理稳定性差，长时间储存可能出现沉淀、分层、结块现象，使用时必须充分摇动，以保证药效

续表

类型	剂型名称（代码）	组分	使用方法	优点	缺点
液体制剂	可溶液剂（AS）	水溶性原药+水（或水溶性溶剂）+表面活性剂	喷雾、浇灌、浸泡	加工方便，成本低廉；药效好，对环境污染小	附着性差；在水中不稳定，长期储存易分解失效
	水乳剂（EW）	液态原药（或原药用少量溶剂溶解）+乳化剂+分散剂+防冻剂+水	常量喷雾、拌种、浸种等	不含或仅含少量溶剂，毒性和药害比乳油小，生产、储运和使用安全。飘移减少，环境污染减少	易在水中分解的药剂，不宜加工成水乳剂
	微乳剂（ME）	原药+乳化剂+防冻剂+水	常量喷雾、拌种、浸种等	粒子较细，易穿透害虫和植物的表皮，附着力好，克服了乳油使用大量有机溶剂的缺点，储运和使用安全，环境污染小，药剂的刺激性小	乳化剂用量大，易在水中分解的药剂，不宜加工成水乳剂
	微囊悬浮剂（CS）	原药（囊皮材料中）+分散剂+水	喷施、涂刷、土壤处理等	持效期可以通过控制囊皮来进行调整，持效期长；施药次数少，毒性低，使高毒农药低毒化、使用安全	加工成本较高，长时间储存可能出现沉淀、分层、结块现象
	种子处理悬浮剂（FS）	原药+润湿剂+防冻剂+消泡剂+成膜剂+警戒色	直接或稀释后种子包衣	药力集中，利用率高，省药、省工、省种；隐蔽使用，有利于保护环境，使用安全；具有缓释作用，有效期长	物理稳定性差，长时间储存可能出现沉淀、分层、结块现象，使用时必须充分摇动

（三）农药的安全使用

农药在防治病虫害等方面发挥了积极的作用，但农药是一把双刃剑，如果不按有关规定和要求使用，就会造成人畜中毒、作物药害和环境污染等问题。

1. 农药毒性及中毒预防

（1）农药的毒性。农药的毒性是指农药对非靶标生物（包括人、家畜、家禽、水生动物和其他有益生物等）的毒害作用。在农药使用过程中，进入人、畜体内的农药量超过人、畜的最大耐受量，人、畜就会表现出一系列的中毒症状。

1）急性毒性：是指动物服用或接触药剂后在短期内出现的中毒症状。根据农药产品对大白鼠的半数致死量（LD_{50}）或半数致死浓度（LC_{50}），我国以世界卫生组织（WHO）推荐的农药危害分级标准为模板，结合我国农药生产、使用和管理的实际情况，将农药急性毒性分为5级（表4-2）。国家对剧毒、高毒农药的使用范围有一定限制，例如，剧毒农药不允许以喷雾使用，高毒农药不得用于蔬菜、果树、茶叶和中药材等。

表4-2　农药毒性分级标准与标识

毒性分级	Ⅰa级	Ⅰb级	Ⅱ级	Ⅲ级	Ⅳ级
标识（黑色）和级别符号语（红色）	 剧毒	 高毒	 中等毒	 低毒	微毒
经口半数致死量/ $mg \cdot kg^{-1}$	≤5	>5 ~ 50	>50 ~ 500	>500 ~ 5 000	>5 000
经皮半数致死量/ $mg \cdot kg^{-1}$	≤20	>20 ~ 200	>200 ~ 2 000	>2 000 ~ 5 000	>5 000
吸入半数致死浓度/ $mg \cdot m^{-3}$	≤20	>20 ~ 200	>200 ~ 2 000	>2 000 ~ 5 000	>5 000

2）亚急性毒性：是指动物在一段时间内（30~90 d）连续服用或接触一定剂量的农药后，出现与急性中毒类似的症状。

3）慢性毒性：是指动物长期（6个月以上甚至终生）口服或接触

低微剂量农药后逐渐引起内脏机能受损、阻碍正常生理代谢的过程而表现出慢性病理反应。慢性毒性主要表现为“三致”（致癌、致畸、致突变）。

（2）农药中毒的预防。

1）普及和宣传安全用药知识。相关部门和人员要积极开展农药安全使用的宣传培训和技术指导。

2）科学合理使用农药。选择高效、低毒、低残留的农药品种和剂型，控制施药次数和浓度，推广用药量少、目标性强、对非靶标生物影响较小的施药技术。

3）避免购买和储运农药过程中的渗漏与污染。农药在购买、运输和保管过程中要远离食品，发现渗漏与破损应及时处理。

4）严格遵守农药操作规程。遵循农药标签登记的使用范围、防治对象、用药量、用药次数、安全间隔期和警示等；配药、洗涮施药工具及防护用品应远离生活区和水源区；注意保管、维修施药工具，防止喷药时发生阻塞、滴漏或其他故障；使用手动喷雾器应遵循“顺风、隔行、退步、早晚”的施药原则；施用过高毒农药的地方要设立标志，在一定时间内禁止放牧、割草和采食；对用完的农药包装物应进行收集深埋，不得他用或随意丢弃。

5）施药人员的选择和个人防护。施药人员应是健康的青壮年，体弱多病或皮肤有破损，以及三期妇女（月经期、孕期、哺乳期）等不得进行施药工作；施药人员工作时要进行必要的防护，尽量避免农药与皮肤和口鼻接触。根据所用农药的毒性、施药方法等穿戴相应的防护服、防护手套、风镜、防护口罩、防护长筒靴等；准备好洗涤剂和洗涤用水，发生农药沾染时，立即就地清洗；施药期间禁止吸烟、进食和饮水；连续施药时间不宜过长，每日工作不得超过6 h；施药后应及时更换服装，清洗身体。

2. 农药残留及治理

（1）农药残留与残留毒性。农药残留是指一部分化学性质稳定的农药施用后，在一个时期内没有分解，残存于收获物及其他环境（土壤、水源、大气）中的农药及其有毒衍生物。农作物与食品中的农药残留主要来自农药对作物的直接污染、作物对污染环境中农药的吸收及生物富集与食物链，生物富集与食物链可使农药的残留浓度提高数百倍至数万倍。

残留的农药进入人、畜体内后，虽不能直接危及其生命，但可在其体内积累，引起体内机能受损，阻碍正常生理代谢过程而发生毒害。农药残留引起慢性中毒的特性成为残留毒性，简称残毒。农药的残留毒性一般需要较长的时间才表现出来。

（2）农药残留的治理。

1）农药的合理使用。根据现有农药的性质、有害生物的发生、发展规律，合理使用农药，以最少的用量获得最大的防治效果。

2）农药的安全使用。制定安全用药制度，主要有各种农药的允许应用范围、各种农药的每日允许摄入量（ADI）、各种作物与食品中的农药最大残留允许量（MRL）和施用农药的安全间隔期。

3）发展高效低毒、低残留的农药。在使用农药时，必须按照《农药合理使用准则》施药，严格控制施药次数、施药量，遵循安全间隔期，将农药残留降到最低限度。

使用任何农药均有可能造成残留，但残留量有大有小，很小的残留量对人体健康（健康食品）不构成危害。国际食品法典和美国等发达国家也允许在蔬菜、水果中有农药残留，并通过规定每日允许摄入量和制定最大残留允许量标准来预防其为害。

3. 农药药害及预防　农药药害是指因农药使用不当（施用方法、时期或浓度不适宜等）引起植物产生的各种病态反应。

（1）药害的类型与症状。

1）急性药害：是在施药后短时间内（10 d内）表现出的异常现象，如药剂处理种子后出苗期推迟、出苗率降低、苗弱等，根系发育不良，茎部扭曲、变粗、变脆，表皮破裂和结疤等，叶片出现叶斑、穿孔、焦枯、失绿、畸形和落叶等，花表现为枯焦、落花、落蕾、变色、腐烂，果实出现斑点、畸形、锈果和落果，植株生长缓慢或徒长、畸形，以致枯萎、死亡。

2）慢性药害：是在施药后较长时间（10 d后）才表现出的异常现

象，症状不明显，常常不易察觉。如表现光合作用减弱、植株生长发育缓慢、生长期延迟、农艺性状恶化等。

3）残留药害：是在使用长残效农药后，残留于土壤、秸秆或堆肥中的农药或其分解产物对下茬敏感作物产生的药害。

4）飘移药害：是施用农药时雾滴飘移偏离施药目标、沉降到邻近敏感作物上产生的药害。

（2）药害发生的原因。引起植物发生药害的原因比较复杂，是药剂本身的性质和植物种类、生长发育阶段的生理状态及施药后的环境条件等因素的综合效应。

1）施用农药不当。使用对植物敏感的农药、农药存在质量问题、混用不当、使用浓度过高、用药量过大、施药技术不当或配制方法不科学等易引起药害。

2）用药时期不当。在植物对药剂敏感的时期（苗期、花期、幼果期）或植物生长势弱、耐药力弱时用药易引起药害。

3）受环境影响。在高温、强光照射、雨天或露水很大时施药易引起药害。

4）二次药害与飘移药害。有些除草剂由于残效期较长，前茬作物收获后，残留的除草剂会对后茬作物产生二次药害。此外，农药施用，特别是喷雾施用时，如果风力较大，药剂就会被吹到周边的其他作物上，从而对作物造成伤害。

（3）预防药害发生的措施。根据药害产生的因素，合理选择药剂，严格控制使用剂量和浓度，选择正确的配制和使用方法。对植物敏感的农药应禁用或慎用，确定合适的施药时期，避免环境的不利影响，合理安排种植结构，避免上下茬作物、邻近作物使用农药引起残留药害、飘移药害。对当地未曾施用过的新农药，在使用前必须进行小面积的药害试验。

4. 我国农药的禁用和限用情况　为保障农业生产安全、农产品质量安全和生态环境安全，有效预防、控制和降低农药使用风险，我国对农药严格监管，农业农村部及相关主管部门陆续发布了许多禁用和限用的农药产品清单。随着风险评估的引入和国家对安全、高效、经济农药的鼓励和支持，会有越来越多的高风险农药产品被列为禁限用农药。

《农药管理条例》第三十四条对农药禁限用方面做出了相关规定：农药使用者应当严格按照农药的标签标注的使用范围、使用方法和剂量、使用技术要求和注意事项使用农药，不得扩大使用范围、加大用药剂量或者改变使用方法；农药使用者不得使用禁用的农药；标签标注安全间隔期的农药，在农产品收获前应当按照安全间隔期的要求停止使用。

剧毒、高毒农药不得用于防治卫生害虫，不得用于蔬菜、瓜果、茶叶、菌类、中草药材的生产，不得用于水生植物的病虫害防治。

企业应严格遵守该规定，如使用禁用的农药或者超出农药登记批准使用范围的农药，均按照假农药处理，除面临罚款外，情节严重的由发证机关吊销农药生产许可证和相应的农药登记证，构成犯罪的，依法追究刑事责任。

（四）农药的科学使用

科学合理使用农药，不但可以达到防治病、虫、草、鼠害，增加农业产量的目的，而且可以避免盲目增加用药量、降低用药成本，减少农药对人、畜和环境的危害，是一项符合安全、经济、有效原则的农业措施。

1. 科学的施药方法 采用适当的施药方法，对降低农药用量、减少用药次数、节约成本、防止污染和保护农业生态有重要意义。

（1）根据农药剂型确定施药方法。不同农药剂型各有其特定的使用器械和方法，应根据农药剂型确定施药方法，如乳油和水剂宜于喷雾，油剂宜于超低容量喷雾，粉剂和颗粒剂宜于拌种或撒施等。

（2）根据防治对象特点选择施药方法。防治温室等密闭场所害虫，可采用熏蒸法；防治土传病害，可采用土壤处理法；防治种传病害，应采用浸种或拌种法等。

（3）根据施药部位选择施药方法。防治对象所处的部位不同，施药方法也各异。如防治叶背面的蚜虫、叶螨等，应使用喷雾法；防治地下害虫，可采取土壤处理法等。

（4）根据施药环境选择施药方法。环境因素对农药的防治效果影响很大，施药方法要根据具体环境条件确定。如雨季期间，可在下雨间隙使用喷粉法；为降低温室内的空气相对湿度，不宜过多使用喷雾法，可采用粉尘法。

（5）根据有益生物特点选择施药方法。为减少对有益生物的影响，应不用或少用对有益生物杀伤力大的喷雾法和喷粉法，而采取毒饵、毒土、拌种、蘸根、涂茎及撒施颗粒剂等方式，可有效地防治病虫害，且对有益生物影响较小。

2. 科学的施药时间

（1）根据防治对象特点确定施药时间。根据防治对象的生物学特性及其发生规律，寻求其最容易被药剂杀伤的时期施药。如保护性杀菌剂一定要在发病前或发病初期使用，一般在害虫卵孵化盛期或幼虫初龄阶段用药防治效果好。同时要充分考虑有害生物和有益生物的消长规律，注意保护天敌，充分发挥农药的效果。

（2）根据防治指标确定施药时间。当自然控制因素和其他防治措施无法控制防治对象时，要调查防治对象的发生数量，确定是否需要进行药剂防治；调查防治对象的发育期，确定防治适期。

（3）根据气候条件确定施药时间。根据气候条件选择适当时间用药，提高防治效果，其中温度、风、雨的影响较大。如雨天、大风天和中午高温不能喷药；早晨露水未干时不能喷雾，喷粉效果好；撒毒饵防治地下害虫以傍晚为好。只有在具备适宜的气候条件下施药，才能取得最佳的防治效果。

（4）根据农药的安全间隔期确定施药时间。施药时要遵守农药的安全间隔期，在采收前不可任意喷施农药，以保证产品中农药残留量低于最大允许残留量。

3. 交替、轮换使用农药　过度使用化学农药会带来“3R”问题：即抗性（resistance）、残留（residue）、再猖獗（resurgence）。随病虫害对农药抗性的产生，农药新品种、新剂型又比较缺乏，必然导致农药使用浓度和使用次数的增加。长期连续使用同一种农药商品是导致有害生物产生抗药性的主要原因。合理地交替、轮换使用农药，就可以切断生物种群中抗药性种群的形成过程。

可以根据当地病虫害的发生特点及农药的供应情况，选用作用机制各不相同的几大类杀虫剂进行轮换、交替使用。同一类制剂中的杀虫剂品种也可以互相换用，但需要选取那些化学作用差异比较大的品种在短期内换用，如果长期采用也会引起害虫产生交互抗性。已产生交互抗性的品种不宜换用。

在杀菌剂中，一般内吸杀菌剂比较容易引起抗药性，保护性杀菌剂不容易引起抗药性。因此，除了不同化学结构和作用机制的内吸剂间轮换使用外，内吸剂和保护剂是较好的轮换组合。还要注意新老农药品种交替使用，以及毒性偏高和低毒农药品种的灵活运用。

4. 科学混配农药 混用农药是将含有两种或两种以上不同有效成分的农药制剂在田间使用时混配现用。农药混合制剂是指农药厂将两种或两种以上农药有效成分混配加工的农药制剂。科学合理混配农药，可在一次施药中，兼治两种或多种同时发生的有害生物，扩大防治范围；混用药剂间取长补短，可提高防治效果或延长持效期；可防止和克服有害生物产生抗药性，延长农药品种的使用年限；能降低农药用量、降低防治成本、减少环境污染及对天敌的危害。

混配农药虽然可以产生很大的经济效益，但切不可任意组合，田间应现混现用，应坚持先试验后混用、混合后农药间不发生不良的化学和物理变化（絮结或大量沉淀等）、不增加对作物的药害、提高药效、降低成本、减少对人畜毒性的原则，否则不仅起不到增效作用，还可能导致毒性增加、病虫抗药性增强等不良作用。

四、主要生物源农药

（一）微生物农药

1. 苏云金杆菌

其他名称：敌宝、包杀敌、快来顺、Bt。

作用特点：可用于防治直翅目、鞘翅目、双翅目、膜翅目特别是鳞翅目的多种害虫。

毒性：对哺乳动物不具有毒性或致病性；对蜜蜂无毒；对蚕有毒。

残留情况：大豆叶面上的半衰期小于1 d，之后只有8.6%的初始数量存在活性。

注意事项：不能与内吸性有机磷杀虫剂或杀菌剂混合使用，如乐果、伏杀硫磷、杀虫畏、波尔多液。对蚕毒力很强，养蚕区与施药区要保持一定距离。药剂应保存在低于25 ℃干燥阴凉的仓库中。

2. 甲基营养型芽孢杆菌LW-6

作用特点：通过成功定植至植物根际、体表或体内，改善其周围菌群环境，与病原菌竞争植物周围的位点，并且分泌多种抗菌物质以抑制病原菌生长，同时诱导植物防御系统抵御病原菌入侵，从而达到有效排斥、抑制、防治病菌的作用。

毒性：低毒。

注意事项：不能与含铜物质或链霉素等杀菌剂混用。

3. 海洋芽孢杆菌

作用特点：广谱微生物杀菌剂，通过有效成分海洋芽孢杆菌产生的抗菌物质和位点竞争的作用方式，杀灭和控制病原菌，从而达到防治病害的目的；同时对初发病的土传病害和叶部病害具有一定的治疗作用。海洋芽孢杆菌具有天然的耐盐性，适合盐渍化土壤中的植物土传病害的防治。

毒性：微毒。对人、畜及环境安全。

注意事项：与本微生物原药混合必须对海洋芽孢杆菌无杀灭、抑制等作用，并严格控制制剂的加工过程，以及最终产品的含水量、酸碱度、盐度、储存条件等，使其有利于海洋芽孢杆菌的存活。

4. 球形芽孢杆菌

其他名称：C3-41杀蚊幼剂。

作用特点：本品系球芽孢杆菌发酵配制而成，是一种高效、安全、选择性杀蚊的生物杀蚊幼剂。广泛用于杀灭各种滋生地中的库蚊、按蚊幼虫、伊蚊幼虫。

毒性：低毒。

注意事项：应避免阳光紫外线照射。使用时应充分摇匀。不能与碱性农药混用。

5. 枯草芽孢杆菌

其他名称：百抗、麦丰宁、纹曲宁。

作用特点：通过在叶片上形成对病原菌的抑制圈，阻止病菌侵入。

毒性：低毒。

注意事项：宜密封避光，在低温（15 ℃左右）条件储存。在分装或使用前，将本品充分摇匀。包衣用种子，需经加工精选达到国家登记良种标准。不能与含铜物质、402或链霉素等杀菌剂混用。若黏度过大，包衣时可适量冲水稀释，但包衣后种子储存含水量不能超过国标。本产品保质期1年，包衣后种子可储存一个播种季节。若发生种子积压，可经浸泡冲洗后转作饲料。

6. 蜡质芽孢杆菌

其他名称：叶扶力、叶扶力2号、BC752菌株、益微、广谱增产菌、增多菌。

作用特点：通过位点竞争和抗生作用的微生态选择，抑制致病菌的生长；具有致弱作用，能将青枯病原菌的强致病力菌株弱化为无致病力的菌株；调节作物细胞微生境，维持细胞正常的生理代谢和生化反应，提高抗逆性。

毒性：低毒。对人、畜和天敌安全，不污染环境。

注意事项：不能与波尔多液、石硫合剂等强碱性药剂混用，以免分解失效。

7. 荧光假单胞杆菌

其他名称：青萎散。

作用特点：为微生物活体农药，能有效防治小麦因病害引起的烂种、死苗及中后期的干株、白穗，对小麦全蚀病有较好的防治效果。

毒性：低毒。对眼睛、皮肤无刺激作用。

8. 多黏类芽孢杆菌

其他名称：康地蕾得。

作用特点：对植物细菌性青枯病有良好的防治效果。多黏类芽孢杆菌不断分泌出的广谱抗菌物质可抑制或杀灭病原菌；此外，多黏类芽孢杆菌还能诱导植物产生抗病性，同时还可产生促生长物质，且具有固氮作用，从而提高植株抗病能力，抑制病菌生长，达到防治病害的目的。

毒性：低毒。

注意事项：使用前须先用10倍左右清水浸泡2~6 h，再稀释至指定倍数，同时在稀释时和使用前须充分搅拌，以使菌体从吸附介质上充分分离（脱附）并均匀分布于水中。施药应选在早上或傍晚进行，若施药后24 h内遇大雨天气，天晴后应补灌一次。土壤潮湿时施药。本药剂不宜与杀细菌的化学农药直接混用或同时使用。

9. 短稳杆菌

其他名称：GXW15–4。

作用特点：用药后24 h，短稳杆菌病原物溶解肠道后很快进入腹、血腔，继续大量增殖，使害虫靶标处发生病变，并伴随其代谢过程释放出异味气体和组织溶解酶，最后导致病虫窒息死亡直至解体。

毒性：微毒。

注意事项：本品对蜜蜂、家蚕中等风险性，开花植物开花期禁用，蚕室及桑园附近禁用。傍晚喷雾可提高防治效果，药液要喷到害虫捕食处。不可与杀菌剂混用。

10. 地衣芽孢杆菌

其他名称：“201”微生物。

作用特点：该产品为微生物杀菌剂，是地衣芽孢杆菌利用培养基发酵而成的细菌性防病制剂，对植物病原真菌类有强烈的拮抗作用。

毒性：低毒。

注意事项：施用本品需要均匀周到，不能与强酸、强碱性的农药等物质混合使用。本品不能用于防治食用菌类病害。本产品如有沉淀属正常现象，使用时摇匀，不会影响药效。稀释后的药液应及时使用，不可存放。

11. 解淀粉芽孢杆菌

作用特点：本品是以芽孢杆菌直接入药的杀菌剂，原理是以菌治菌、抑菌杀菌及诱导作物产生抗病性等。

毒性：低毒。

12. 金龟子绿僵菌

其他名称：绿僵菌、杀蝗绿僵菌。

作用特点：进入寄主体内的绿僵菌分泌大量的次生代谢产物，干扰、抑制或对抗寄主免疫系统。与化学农药相比，其作用时间持久、无环境污染、对非靶标生物安全，但存在致死时间长、杀虫效率低、受环境影响较大、防治效果不稳定等缺点。

毒性：低毒。寄主范围广，致病力强，对人、畜、农作物无毒，对天敌无影响。

注意事项：不可与呈碱性的农药和杀菌剂等物质混合使用。剂型为可分散油悬浮剂及悬浮剂。产品一旦开启，应尽快用完，以免影响孢子活力。蚕室及桑园附近禁用，如必须用药，则需避开养蚕期。

13. 金龟子绿僵菌CQMa421

其他名称：绿僵菌421。

作用特点：有效成分为绿僵菌分生孢子，能直接通过幼虫体壁侵入体内，使害虫机体受损，取食量递减，最终死亡。该产品利用虫体营养繁殖，可对田间害虫起到持续控制效果。

毒性：低毒。

注意事项：不可与呈碱性的农药和杀菌剂等物质混合使用。蚕室及桑园附近禁用。

14. 球孢白僵菌

作用特点：白僵菌遇适宜条件开始萌发，产出芽管，同时产生脂肪酶、蛋白酶、几丁质酶溶解昆虫表皮，由芽管入侵虫体，在虫体内生长繁殖，消耗寄主体内养分，产生大量菌丝和分泌物，害虫感病后4~5 d死亡，虫尸变白色并僵硬，体表长满白色粉状孢子，可随风扩散，被其他活虫继续感染其他害虫个体。侵染同时产生各种毒素，如白僵菌素、卵孢白僵菌素和卵孢子素等。

毒性：低毒。对人、畜无致病作用，对蚕毒性高。

注意事项：本品包装一旦开启，应尽快用完，以免影响孢子活力。本品不可与杀菌剂混用。开花植物（周围）花期禁用，使用期间应密切关注对附近蜂群的影响；蚕室及桑园附近禁用。

15. 哈茨木霉菌

其他名称：KRL-AG2。

作用特点：是一种微生物杀菌剂，能够抑制温室作物的根部病害。能够用来抑制作物的根部病害及叶部和果实的病害。作用方式复杂，包括化学作用、抗生作用和寄生作用。

毒性：低毒。

注意事项：本品不可与呈碱性的农药等物质混合使用。

16. 木霉菌

其他名称：生菌散、灭菌灵、特立克、木霉素。

作用特点：木霉菌主要是通过快速生长和繁殖而夺取水分和养分，与病原菌竞争营养占有空间，通过寄生与病原菌菌丝后形成大量的分枝和有性结构，从而抑制病原菌生长，产生细胞壁分解酶类抑制病原菌的生长、繁殖和侵染，木霉菌可抑制寄主植物产生防御反应，不仅能直接抑制病原菌的生长和繁殖，还能诱导作物产生自我防御系统获得抗病性。

毒性：低毒。

残留情况：对农产品无残留，无蓄积作用。

注意事项：勿与碱性农药混用。储存于阴凉干燥处，切忌阳光直射。

17. 淡紫拟青霉

其他名称：防线霉、线虫清。

作用特点：淡紫拟青霉是一种微生物农药，属于内寄生性真菌，是很多植物寄生线虫的重要天敌。使用该药入土后，孢子萌发长出很多菌丝，菌丝碰到线虫的卵，分泌几丁质酶，从而破坏卵壳的几丁质层，菌丝得以穿透卵壳，以卵内物质为养料大量繁殖，使卵内的细胞和早期胚胎受破坏，不能孵出幼虫。

毒性： 低毒。对人、畜和环境安全，也不污染土壤。

残留情况： 对作物无残毒。

注意事项： 本品不宜与杀菌剂混用。蜜源作物花期、蚕室和桑园附近禁用。

18. 厚孢轮枝菌

其他名称： 线虫必克。

作用特点： 该菌为土壤习居菌，主要作用机制是通过孢子在作物根系周围土壤中萌发、产生菌丝，寄生于根结线虫的雌虫及卵上，使雌虫死亡，虫卵不能孵化、繁殖。持效期长，一季作物只需要使用一次即可达到理想的防治效果，并对地老虎、蛴螬、蝼蛄等地下害虫均有较强的驱避作用。

毒性： 低毒，对环境安全。

注意事项： 本产品不可与化学杀菌剂混用。本产品必须现拌现用，必须施于作物根部，不可兑水浇灌或喷施。

19. 耳霉菌

作用特点： 该药是一种生物农药，被蚜虫吞食后感染，菌体侵入虫体内大量繁殖，孢子萌发，大量蚜虫互相传染发生流行病，可使其停食染病而死亡。块状耳霉菌生物农药对多种蚜虫具有较强的毒杀作用，而对人、畜安全，不污染环境，不伤害天敌，杀蚜谱广。

毒性： 低毒。

20. 寡雄腐霉菌

其他名称： 多利维生。

作用特点： 寡雄腐霉菌可以抑制多种土壤真菌的生长及危害，具有较强的真菌寄生抗性和竞争能力，同时还能刺激植物抗病所需的植物激素的产生，从而增强植物抗病能力，使植物生长和强壮，增强植物的防御机能及对致病真菌的抗性。

毒性： 微毒。有轻微致敏性，对鱼、蜜蜂低毒。

注意事项： 使用前应先配制母液，取原药倒入容器中，加适量水充分搅拌后静置15~30 min。该药剂为活性真菌孢子，不能与化学杀菌剂类产品混合使用。喷施该药剂要选择在晴天无露水、无风条件下，上午9时前，下午5时后进行；喷施时应使液体淋湿整棵植株，包括叶片的正、反两面及茎、花、果实，并下渗到根。开花植物花期禁用；瓢虫等天敌放飞区域、鸟类保护区禁用。

21. 棉铃虫核型多角体病毒

作用特点：一种新型的病毒生物农药杀虫剂。害虫通过取食感染病毒，在其肠液中溶解，释放出侵染性病毒粒子，导致虫体组织化脓死亡。由核型多角体病毒及增效保护剂等辅料配制而成，对棉铃虫具有强大杀灭效果。

毒性：原药、制剂均属低毒。

残留情况：本品分解失活较快。

注意事项：忌与强酸、强碱物质混用，以免降低药效。可与中性化学农药复配，即配即用。

22. 茶尺蠖核型多角体病毒

其他名称：尺蠖清、EONPV。

作用特点：属于高度特异性病毒杀虫剂。该产品是纯生物产品，加工制剂对茶尺蠖有很好的防治效果。病毒进入害虫体内后迅速大量复制，破坏害虫的正常生理功能，导致害虫染病而亡，病死虫的尸体腐烂后又可释放出新的病毒，感染其他健康虫和下代虫。最终达到有效控制害虫种群数量和危害的目的。

毒性：低毒。对哺乳动物无毒；对植物没有任何药害；对生产者和用户无毒副作用。

残留情况：无残留。

注意事项：不可和碱性农药等物质混用。

23. 甜菜夜蛾核型多角体病毒

其他名称：蛾恨、绿洲3号、武大绿洲来瘟死。

作用特点：属于高度特异性微生物病毒杀虫剂，其机制是让该药剂在微生物制剂及其增效助剂的作用下直接进入甜菜夜蛾幼虫的脂肪体细胞和肠细胞核，随机复制使虫染病死亡，再通过横向传染使种群不断引发流行病，并通过纵向传染杀死蛹和卵，从而有效控制它的危害及抑制抗性的蔓延。对植物无任何药害。

毒性：低毒。无致癌、致畸作用，代谢物无毒。对人、畜、田间天敌及水生生物等无害。

注意事项：不得与碱性物质混用，不得与含铜杀菌剂混用。本品有效成分对热敏感，远离热源。

24. 苜蓿银纹夜蛾核型多角体病毒

其他名称：奥绿一号。

作用特点：该药属于低毒生物农药。其作用机制主要为阻断昆虫消化系统，释放出大量病毒粒子，病毒在细胞中迅速增殖，最终导致昆虫因细胞解体、组织液化而死。该药杀虫谱广，对鳞翅目害虫有较好的防治效果，具有低毒、药效持久、对害虫不易产生抗性等特点。

毒性：低毒。

注意事项：本品不能与强酸、碱性物质和杀菌剂混用，以免降低药效。本品对家蚕毒性大，严禁在桑园附近使用。

25. 斜纹夜蛾核型多角体病毒

其他名称：虫瘟1号、绞蛾。

作用特点：可用于防治甜菜夜蛾，感染后4 d停止进食，5~10 d后死亡。

毒性：低毒。本药只对靶标害虫有毒杀作用，不影响其他有益昆虫（如蜜蜂和天敌昆虫），对人、畜安全，不污染环境，对作物安全。

注意事项：本品不能与强碱、强酸物质和杀菌剂混用。

26. 甘蓝夜蛾核型多角体病毒

作用特点：主要是利用病毒感染幼虫，在种群中相互感染形成病毒流行病。首先是幼虫吞食多角体后，在中肠碱液的作用下，多角体释放出病毒粒子，侵入中肠细胞，进行增殖。最初产生未包埋的病毒粒子，再侵入幼虫的整个部位，大量增殖病毒，导致幼虫死亡。幼虫死亡后表皮裂解，病毒多角体释放出来，导致健康幼虫再度感染，最终形成病毒流行病。

毒性：低毒。

注意事项：本品不能与强酸、碱性物质混用，以免降低药效。

27. 小菜蛾颗粒体病毒

其他名称：环业二号。

作用特点：该产品为新型昆虫病毒杀虫剂。其作用机制为该病毒在小菜蛾肠中溶解，进入细胞核中复制、繁殖、感染细胞，使其生理失调而死亡。对于对化学农药已产生抗性的小菜蛾具有明显的防治效果。

毒性：低毒。不污染环境，对人、畜无毒，对天敌安全。

注意事项：本品不得与碱性物质混用，不得与含铜杀菌剂混用。

（二）抗生素类农药

1. 阿维菌素

其他名称：螨虫素、齐螨素、害极灭、杀虫丁。

作用特点：本品是从土壤微生物中分离的天然产物，对昆虫和螨类具有触杀和胃毒作用，并有微弱的熏蒸作用，无内吸作用。但它对叶片有很强的渗透作用，可杀死表皮下的害虫，且残效期长。它不杀卵。因不引起昆虫迅速脱水，所以它的致死作用较慢。对捕食性和寄生性天敌虽有直接杀伤作用，但因植物表面残留少，因此对益虫的损伤小。

毒性：原药高毒。

注意事项：本品对鱼等水生生物和家蚕有毒，用药时应避免接触这些生物。

2. 多杀霉素

其他名称：菜喜、多杀菌素。

作用特点：可持续激活靶标昆虫乙酰胆碱烟碱型受体，但是其结合位点不同于烟碱和吡虫啉。可使害虫迅速麻痹、瘫痪，最后导致死亡。其杀虫速度可与化学农药相媲美。安全性高，且与目前常用杀虫剂无交互抗药性，既有高效的杀虫性能，又有对益虫和哺乳动物安全的特性，是一种低毒、高效、广谱的杀虫剂。对害虫具有快速的触杀和胃毒作用，对叶片有较强的渗透作用，可杀死表皮下的害虫，残效期较长，对一些害虫具有一定的杀卵作用。无内吸作用。对捕食性天敌昆虫比较安全，因杀虫作用机制独特，目前尚未发现与其他杀虫剂存在交互抗药性的报道。对植物安全无药害。适合于蔬菜、果树、园艺等农作物上使用。杀虫效果受下雨影响较小。

毒性：对哺乳动物和水生生物的毒性相当低。

残留情况：见光易分解，水解较快，叶面光降解的半衰期为1.6~16 d，水中半衰期为1 d，土壤中半衰期9~10 d。

注意事项：可能对鱼或其他水生生物有毒，应避免污染水源和池塘等。避免喷药后24 h内遇降雨。

3. 嘧肽霉素

其他名称：博联生物菌素。

作用特点：具有抑制蔬菜、瓜果、作物等植物病毒增殖的作用和调节、促进植物生长发育的功能。

毒性：低毒。

注意事项：不能与碱性农药混用，喷药时要均匀喷布。存放于阴凉干燥处。

4. 宁南霉素

其他名称：菌克毒克、植旺、翠美。

作用特点：该药可通过破坏病毒粒体结构、降低病毒粒体浓度、提高植物抵抗病毒的能力而达到抑制病毒的作用；还能同时抑制真菌菌丝生长，并能诱导植物体产生抗性蛋白。

毒性：低毒。

注意事项：不能与碱性物质混用。

5. 申嗪霉素

其他名称：农乐霉素、绿群、广清、交融。

作用特点：申嗪霉素属于荧光假单胞M18类新型生物抗菌剂，具有预防和治疗作用。主要利用其氧化还原能力，在真菌细胞内积累活性氧，抑制线粒体中呼吸传递链的氧化磷酸化，从而抑制菌丝的正常生长，引起菌丝体的断裂、肿胀、变形和裂解。

毒性：原药为中等毒，1%申嗪霉素悬浮剂为低毒。

注意事项：该药剂不能与碱性农药混用。禁止在开花植物、蚕室或桑园附近使用。

6. 中生菌素

其他名称：克菌康、佳爽。

作用特点：本品抗菌谱广，能够抗革兰氏阳性及阴性细菌、分枝杆菌、酵母菌及丝状真菌。对粮食作物和果树的细菌性病害及部分真菌性病害具有很高的活性。

毒性：低毒。

注意事项：本品不可与碱性物质混用。本品易吸潮，在使用过程中开过包装的药剂应及时封口保存。本品有效成分可完全溶于水中，不溶物为不影响药效的惰性填料。

7. 四霉素

其他名称：梧宁霉素、11371抗生素。

作用特点：四霉素通过抑制菌丝体的生长，诱导作物抗性并促进作物生长而达到防治目的。

毒性：低毒。

注意事项：本品不能与碱性农药混用。药液随配随用，配制药液不宜保存。

8. 井冈霉素（含井冈霉素A）

其他名称：有效霉素。

作用特点：内吸作用很强的农用抗生素。

毒性：低毒。

残留情况：在土中迅速被微生物降解，半衰期为5 h。

注意事项：可与多种杀虫剂混用，安全间隔期14 d。施药时应保持稻田水深3~6 cm。粉剂在晴朗天气可早晚趁露水未干时喷药，夜间喷药效果尤佳，阴雨天可全天喷药，风力大于3级时不宜喷粉。

9. 春雷霉素

其他名称：春日霉素、加收米、开斯明、克斯雷、春雷氧氯铜。

作用特点：是农用抗生素，具有较强的内吸性，该药主要干扰氨基酸的代谢酯酶系统，从而影响蛋白质的合成，抑制菌丝伸长并造成细胞颗粒化，但对孢子萌发无影响。

毒性：低毒。

注意事项：该药施药8 h内遇雨要补喷，不能与碱性农药混用。应随用随配。

10. 多抗霉素

其他名称：多氧霉素、保利霉素、宝丽安、多效霉素。

作用特点：广谱性抗生素，具有较好的内吸传导作用，干扰病菌细胞壁几丁质的生物合成，芽管和菌丝体接触药剂后，局部膨大，破裂，溢出细胞内含物，而不能正常发育，导致死亡，还有抑制病菌产孢和病斑扩大作用。该药对动物没有毒性，对植物没有药害。

毒性：低毒。

残留情况：每日允许摄入量为15 mg/kg。

注意事项：不能与酸性和碱性药剂混用。

（三）生物化学农药

1. 乙烯利

其他名称：一试灵、乙烯磷。

作用特点：促进成熟的植物生长调节剂。在酸性介质中稳定，在pH＞4时，则分解释放出乙烯，促进果实早熟、齐熟，增加雌花，提早结果，减少顶端优势，增加有效分蘖，使植株矮壮，诱导雄性不育等。

毒性：低毒。

残留情况：在土壤中迅速降解。

注意事项：本品在中性溶液中即可逐渐分解，要随配随用，不能久放。不能与碱性药剂混用；使用温度为20~30 ℃效果最好，低于10 ℃或高于30 ℃，均不易达到理想效果。利用本品促进雌花增加后，要相应地加强田间管理，满足大量幼果对肥水的要求，否则达不到预期的效果。催熟要在果实转色期用药，过早用药作用小或不起催熟作用。

2. 吲哚乙酸

其他名称：生长素、茁长素、吲哚醋酸、IAA。

作用特点：属植物生长促进剂，有维持植物顶端优势、诱导同化物质向库（产品）中运输、促进坐果、促进植物插条生根、促进种子萌发、促进果实成熟及形成无子果实等作用，还具有促进嫁接接口愈合的作用。主要作用方式是促进细胞伸长与细胞分化。吲哚乙酸被植物吸收后，只能极性运输，即从顶部自上向下输送。

毒性：低毒。对蜜蜂无毒。

残留情况：在土壤和环境中迅速降解。

注意事项：使用本品两次间隔时间一周以上。在开启包装盒稀释后应尽快使用，最长不超过半年。

3. 吲哚丁酸

其他名称：IBA。

作用特点：内源生长素，能促进细胞分裂与细胞生长，诱导形成不定根，增加坐果，防止落果，改变雌、雄花比率等。可经由叶片、树枝的嫩表皮、种子进入植物体内，随营养流输导到起作用的部位。

毒性：中等毒。

残留情况：在土中快速降解。

注意事项：本品在水稻一叶一心期及三叶一心期各施药1次。本品不可与碱性物质混用。

4. 羟烯腺嘌呤

其他名称：玉米素。

作用特点：刺激植物细胞分裂，促进叶绿素形成，加速植物新陈代谢和蛋白质的合成，从而使有机体迅速增长，促使作物早熟丰产，提高植物抗病、抗衰、抗寒能力。

毒性：低毒。对鱼、鸟、蚕无毒。

残留情况：在土壤、水中的半衰期只有几天。

注意事项：本品不可与呈碱性的农药等物质混合使用。

5. 苄氨基嘌呤

其他名称：保美灵。

作用特点：具有较高的细胞分裂素活性，主要可促进细胞分裂、增大和伸长；抑制叶绿素降解，提高氨基酸含量，延缓叶片变黄、变老；诱导组织（形成层）的分化和器官（芽和根）的分化，促进侧芽萌发，促进分枝；提高坐果率，形成无核果实；调节叶片气孔开放，延长叶片寿命，有利于保鲜。

毒性：低毒。

残留情况：22 ℃时在土壤施用16 d后，苄氨基嘌呤在使用剂量下分别降解5.3%（沙质土）和7.85%（黏质土），DT_{50}为7~9周。

注意事项：因遇碱易分解，勿混用其他农药或肥料。掌握好使用剂量、时间。

6. 芸薹素内酯

其他名称：益丰素、天丰素、油菜素内酯、农梨利。

作用特点：具有使植物细胞分裂和延长的双重作用，促进根系发达，增强光合作用，提高作物叶绿素含量，促进作物对肥料的有效吸收，辅助作物劣势部分良好生长。

毒性：低毒。

注意事项：施用时，应按兑水量的0.01%加入表面活性剂，以便药物进入植物体内。本品可与杀虫剂、杀菌剂等农药一起混合喷施。

7. 丙酰芸薹素内酯

作用特点：有促进细胞生长和分裂、促进花芽分化、提高光合效率、增加作物产量、改善作物品质，以及提高作物对低温、干旱、药害、病害及盐碱的抵抗力等作用。

毒性：低毒。

注意事项：不可与碱性物质混用。现配现用，喷药6 h内遇雨需重喷。

8. 三十烷醇

作用特点：内源植物生长调节剂。具有多种生理功能，可影响植物的生长、分化和发育。主要表现为：能增强酶的活性，促使种子发芽，提高发芽率；增强光合强度，提高叶绿素含量，增加干物质的积累；促进作物吸收矿物质元素，提高蛋白质和糖分含量，改善产品品质等。还有促进农作物长根、生叶、花芽分化，增加分蘖和促进早熟，保花保果，提高结实率和促进农作物吸水，减少蒸发，增加作物抗旱能力的作用。

毒性：低毒。

注意事项：稀释液要现用现配。喷洒时间在下午3时后，喷前气温在20 ℃以上为宜。喷后6 h内遇雨补喷1次。严格控制用药剂量，浓度过高会抑制发芽。不得与酸性物质混合，以免分解失效。

9. S–诱抗素

其他名称：壮芽灵、天然脱落酸。

作用特点：对植物生长发育具有调节作用。

毒性：低毒。

注意事项：S–诱抗素对光敏感，易失活，因而产品应避光保存，田间使用宜在傍晚进行施药。每季作物施药1次。忌与碱性农药混用，忌用碱性水（pH＞7）稀释本产品，稀释液中加入少量的食醋，效果会更好。

10. 复硝酚钠

其他名称：爱多收、特多收。

作用特点：能迅速渗透到植物体内，以促进细胞的原生质流动，加快植物发根速度，对植物发根、生长、生殖及结果等发育阶段均有不同程度的促进作用。尤其对于花粉管的伸长的促进、帮助受精结实的作用尤为明显。可用于促进植物生长发育、提早开花、打破休眠、促进发芽、防止落花落果、改良植物产品的品质等。该产品可以用叶面喷洒、浸种、苗床灌注及花蕾撒布等方式进行处理。在植物开始播种至收获之间的任何时期皆可使用。

毒性：低毒。

注意事项：制剂使用时浓度过高，将会对幼芽及生长有抑制作用。可与一般农药、化肥混用。

11. 萘乙酸

其他名称：α–萘乙酸。

作用特点：萘乙酸是类生长素物质，也是广谱型植物生长调节剂。它有着内源生长素吲哚乙酸的作用特点和生理功能，如促进细胞分裂与扩大，诱导形成不定根，增加坐果，防止落果，改变雌、雄花比率等。萘乙酸可经由叶片、树枝的嫩表皮、种子进入植株体内，随营养流输导到起作用的部位。

毒性：低毒。

注意事项：萘乙酸难溶于冷水，配制时可先用少量乙醇溶解，再加水稀释或先加少量水调成糊状再加适量水，然后加碳酸氢钠（小苏打）搅拌直至全部溶解。

12. 氨基寡糖素

其他名称：壳寡糖。

作用特点：该药属微生物代谢提取的一种具有抗病作用的杀菌剂，对某些病菌的生长有抑制作用，如影响真菌孢子萌发，诱发菌丝形态发生变异、菌丝的胞内生化反应发生变化等；同时能抑制病菌的基因表达，使菌丝的生理生化功能发生变异，还能刺激生长。

毒性：低毒。对人、畜安全，不污染环境。

注意事项：严禁与碱性农药和肥料混用。该产品为生物化学类农药，其原料为壳聚糖，其包装物用后，用清水冲洗几遍即可再重复利用，但不得用于食品包装或与人体接触的物品包装。

13. 香菇多糖

其他名称：菇类蛋白多糖。

作用特点：该药为生物制剂，为预防型抗病毒剂，对病毒起抑制作用的主要成分是食用菌菌体代谢所产生的蛋白多糖，蛋白多糖用作抗病毒剂在国内为首创，制剂内含有丰富的氨基酸，因此施药后不仅抗病毒还有明显的增产作用。香菇多糖对植物病毒病的作用机制尚在研究阶段，可能是其封闭病毒的侵染位点，使病毒失去和细胞微伤口感受点结合的能力，因而病毒的侵入被降低或阻止，还能抑制病毒在植物体内的复制。

毒性：低毒。

注意事项：避免与酸性物质、碱性物质混用。配药时必须用洁净清水，现配现用，配好的药剂不可储存。

14. 几丁聚糖

其他名称：甲壳素、海力源。

作用特点：该药是从海洋生物甲壳中提取，经降解而成。机制是改变病原菌细胞膜的结构和功能，从而抑制其生长，提高作物的防病、抗病等免疫功能。

毒性：低毒。对环境生物毒性较低，在环境中易于降解，无污染，无风险。

注意事项：本品不能与呈碱性的农药等物质混合使用。

15. 葡聚烯糖

其他名称：引力素、小露珠。

作用特点：一种新型的植物诱导剂。作为外源诱导因子可以诱导植物产生能杀灭病原菌的植保素，减少多种作物病害的发生；还可作为生长调节因子有效促进植物生长、分枝、开花、结果等各项代谢活动，提高作物产量；可以诱导作物系统获得抗病性的激发因子，表现特有的生物学活性；以释放一种信号，刺激诱导作物体产生抗性。葡聚烯糖还可用于农作物的储存，延长蔬菜果品的保鲜期，并能保持果实原有风味。同时，其对作物病原菌有直接的杀灭作用。

毒性：低毒。

注意事项：不可与强酸、碱类物质混合。

16. 混合脂肪酸

其他名称：83增抗剂、耐病毒诱导剂。

作用特点：为抗病毒诱导剂，具有诱导植物抗病和刺激作物生长的双重作用，可有效防治烟草花叶病毒。

毒性：低毒。

残留情况：蔬菜上使用后无残留。

注意事项：本品不可与强酸、强碱性物质混用。

17. 斜纹夜蛾性诱剂诱芯

作用特点：只针对目标昆虫，高度专一；高挥发性气味，极度敏感，不直接接触植物，对环境、动植物完全无害，无抗药性；精确地确定害虫发生的地点和范围；有助于提出合适的害虫防治措施；经济、省时、高效，操作简单。

毒性：对人、畜、植物无毒。

注意事项：由于性信息素只针对目标昆虫，高度专一，安装不同种类害虫诱芯时，需洗手，以免影响性信息素功效。诱捕器安装的位置、高度及气流情况会影响诱捕效果。性信息素引诱的是成虫，所以诱捕应在低密度时开始。性信息素产品易挥发，需在-15~-5 ℃冰箱中冷藏。使用时必须剪开诱芯靠下的封口。

18. 绿盲蝽性信息素

作用特点：本品属于昆虫信息素类产品，是天然昆虫源物质的仿生合成物，只对害虫绿盲蝽雄虫有诱集作用，用于雄性绿盲蝽诱捕。

注意事项：使用时掌握好时间，成虫扬飞前使用，宁早勿晚。本品不可单独使用，须与配套诱捕器配合使用，才可达到诱捕防治效果。一般每隔4~7 d及时清理诱捕器内死虫，或根据实际诱虫量及时清理诱捕器内的死虫。挥散芯产品每4周更换一次。更换不同挥散芯产品时需要戴手套或用肥皂洗手，避免不同产品间相互影响。

（四）植物源农药

1. 赤霉酸

其他名称：赤霉素。

作用特点：本品为广谱性植物生长调节剂，是促进植物生长发育的重要激素之一，是多效唑、矮壮素等生长抑制剂的拮抗剂。该药可促进细胞、茎伸长，叶片扩大、单性结实、果实生长，打破种子休眠，改变雌、雄花比率，影响开花时间，减少花、果的脱落。外源赤霉素进到植物体内，具有内源赤霉素同样的生理功能。赤霉素主要经叶片、嫩枝、花、种子或果实进入植株体内，然后传导到生长活跃的部位起作用。

毒性：低毒。

残留情况：在水溶液或水-乙醇溶液中会缓慢水解，半衰期（20 ℃）约14 d（pH值3~4）。

注意事项：本品在偏酸和中性溶液中稳定，勿与碱性物质混用。

本品应在使用前现配现用，勿将本品一次性稀释至使用浓度。

2. 苦参碱

其他名称：苦参素、蚜螨敌。

作用特点：本品为广谱性植物杀虫剂，是由中草药植物苦参的根、茎、叶、果实经乙醇等有机溶剂提取制成的一种生物碱，为天然植物性农药。害虫一旦接触药剂，即麻痹神经中枢，继而使虫体蛋白凝固，堵死虫体气孔，使虫体窒息死亡。对人、畜低毒，杀虫广谱，具有触杀、胃毒作用，对多种作物上的菜青虫、蚜虫、红蜘蛛等害虫均有较好的防治效果。

毒性：低毒。

残留情况：有弱蓄积性。

注意事项：严禁与碱性农药混用。如作物用过化学农药，5 d后方可施用此药，以防酸碱中和影响药效。

3. 蛇床子素

作用特点：本品为低毒植物源杀菌剂，作用机制为影响真菌细胞壁的生长导致菌丝大量断裂。

毒性：对鱼低毒，对蜜蜂、鸟高毒，对家蚕剧毒。

注意事项：使用时建议远离蜂场、蚕室等地区。本品不可与呈碱性的农药等物质混合使用。

4. 低聚糖素

其他名称：寡聚半乳糖醛酸。

作用特点：本品为特殊的低聚糖，在植物体内作为信号分子调节植物生长、发育和在环境中的生存能力。低聚糖素即植物或寄生物水解酶从植物或病原真菌细胞壁多糖分解出来的导致寄主植物过敏反应的活性激发子，诱导植株合成、积累抗毒素。

毒性：低毒。0.4%低聚糖素水剂对人、畜、植物无害。

残留情况：0.4%低聚糖素水剂无残留。

注意事项：本品不可与强酸、强碱性物质混用。施药期间应避免对周围蜂群的影响，禁止在开花植物花期、蚕室和桑园附近使用。赤眼蜂等天敌放飞区域禁用。

5. 鱼藤酮

其他名称：鱼藤、毒鱼藤。

作用特点：为植物性杀虫剂，有选择性，无内吸性，见光易分解，在空气中易氧化，在作物上残留时间短，对环境无污染，对天敌安全。该药剂杀虫谱广，对害虫有触杀和胃毒作用。本品进入虫体后迅即妨碍呼吸，从而使害虫死亡。该药剂能有效地防治蔬菜等多种作物上的蚜虫，安全间隔期为3 d。

毒性：中等毒。

残留情况：残效期一般5~6 d，夏天仅2~3 d。

注意事项：本品遇光、空气、水和碱性物质会加速氧化，失去药效，不要与碱性农药混用，密闭存放在阴凉、干燥、通风处。对家畜、鱼和家蚕高毒，施药时要注意避免药液飘移到附近水池、桑树上。

6. 印楝素

作用特点：该药是从印楝树中提取的植物性杀虫剂，主要分布在种核中，其次在叶中。具有拒食、忌避、内吸和抑制生长发育作用。对昆虫有拒食、干扰产卵、干扰昆虫变态而使其无法蜕变为成虫、驱避幼虫及抑制其生长发育的作用。对环境、人、畜、天敌比较安全，对害虫不易产生抗药性。

毒性：低毒。

残留情况：植物叶上DT_{50}约17 h，土壤中DT_{50}约25 d。

注意事项：不能与碱性农药混用。

7. 藜芦碱

其他名称：虫敌、西伐丁、cevadine、sabadilla。

作用特点：主要存在于百合科藜芦属植物根中。藜芦碱为一系列生物碱的总称，约有30种以上，主要成分为瑟瓦定和藜芦定。该产品是以中草药为主要原料经乙醇萃取的植物农药，具有触杀和胃毒作用。其杀虫机制为药剂经虫体表皮或吸食进入消化系统，造成局部刺激，引起反射性虫体兴奋，继之抑制虫体感觉神经末梢，经传导抑制中枢神经而致害虫死亡。药效期长达10 d以上。主要用于大田农作物、果林蔬菜病虫害的防治。

毒性：低毒。对人、畜低毒，对环境安全。原药对眼睛有轻微刺激作用，无致突变、致畸和致癌作用。

残留情况：低残留。残留物为藜芦碱。

注意事项：本品不可与呈强酸性、强碱性的农药等物质混合使用，可与有机磷、菊酯类农药混用，但须现配现用。

8. 除虫菊素

其他名称：除虫菊酯、天然除虫菊酯、除虫菊素Ⅱ、扑得。

作用特点：为天然除虫菊的提取物，内含除虫菊素Ⅰ、除虫菊素Ⅱ、瓜菊素Ⅰ、瓜菊素Ⅱ、茉莉菊素Ⅰ和茉莉菊素Ⅱ。除虫菊素的杀虫谱广，有较高的胃毒作用，对咀嚼式口器害虫有特效；又有强烈的触杀作用，主要用于防治刺吸式口器害虫；能对周围神经系统、中枢神经系统及其他器官组织同时起作用，延长钠离子通道的开放，只是昆虫击倒而后死亡，且击倒快，对哺乳动物安全，易降解，不污染环境。兼具杀螨活性。

毒性：低毒。

注意事项：除虫菊素见光易分解，喷洒最好选在傍晚进行。除虫菊素不能与石硫合剂、波尔多液、松脂合剂等碱性农药混用。商品制剂需在密闭容器中保存，避免高温、潮湿和阳光直射。除虫菊素是强力触杀性药剂，施药时药剂一定要接触虫体才有效，否则效果不好。

9. 烟碱

其他名称：尼古丁。

作用特点：吡啶型生物碱。对害虫有胃毒、触杀、熏蒸作用，并有杀卵作用。其主要作用机制是麻痹神经，烟碱的蒸气可从虫体任何部分侵入体内而发挥毒杀作用。

毒性：高毒。

残留情况：烟碱在光和空气影响下迅速分解。

注意事项：烟碱易挥发，必须密闭存放，配成的药液应立即使用。由于烟碱对人高毒，所以配药或施药时都应注意防护措施。

10. 苦皮藤素

其他名称：绿得意。

作用特点：该药属植物源农药。作用机制独特，主要作用于昆虫消化道组织，破坏其消化系统正常功能，导致昆虫进食困难，饥饿而死。该药不易产生抗性和交互抗性。具有较强的胃毒作用，可有效防治菜青虫、小菜蛾、槐尺蠖等鳞翅目幼虫。

毒性：微毒。对哺乳动物低毒，对非靶标生物安全。

残留情况：该药在土壤中易降解，难水解、光解、淋溶、移动、挥发，轻度生物蓄积。

注意事项：本品不宜与碱性农药混用。在害虫发生初期、虫龄较小时用药，效果更佳。

11. 桉油精

其他名称：桉树脑、桉叶素、桉树醇、蚊菌清。

作用特点：一种新型植物源杀虫剂，以触杀作用为主，具有高效、低毒等特点。其有效成分能直接抑制昆虫体内乙酰胆碱酯酶的合成，阻碍神经系统的传导，干扰虫体水分的代谢而导致其死亡。

毒性：低毒。

注意事项：不能与波尔多液等碱性农药混用。

12. 丁子香酚

其他名称：灰霜特。

作用特点：该药是从丁香等植物中提取杀菌成分，辅以多种助剂研制而成的新型低毒杀菌剂。属植物源农药，通过改善病菌生长的环境，抑制病菌孢子蛋白的合成，从而达到杀菌的目的。对人、畜及环境安全。

毒性：对鱼低毒，对禽类为中等毒，对环境生物危害较低。

注意事项：不能与碱性农药、肥料混用；存放于阴凉处。

13. 大黄素甲醚

其他名称：朱砂莲乙素、非斯酮。

作用特点：是从中草药蓼科植物大黄的根、茎中提取的一种植物源农药。该成分是一种植物次生代谢产物，具有防治植物病害的作用，具有内吸性。其作用机制主要为抑制细菌的糖及糖代谢中间产物的氧化、脱氢，抑制蛋白质和核酸的合成。

毒性：低毒。

残留情况：在土壤中易降解。

注意事项：本品不要与碱性物质混用。制剂在田间使用时需避开蚕桑栽培区、蜂源植物及鸟类。

14. 香芹酚

其他名称：真菌净。

作用特点：是由多种中草药经提取加工而成的植物农药，具有较强的抗菌作用，抗真菌能力尤为突出。不污染环境，对天敌安全。

毒性：低毒。

注意事项：勿与强碱性药物、各类助剂混合使用。

15. 小檗碱

其他名称：黄连素。

作用特点：中草药毛茛科黄连和芸香科黄柏等植物中提取的一种黄色生物碱杀菌剂。用于农药，其作用机制为能迅速渗透到植物体内和病斑部位，通过干扰病原菌代谢而抑制其生长和繁殖，达到控制病情发展和杀菌作用。

毒性：低毒。

注意事项：不要与化学农药等物质混用。本品如出现沉淀及絮状物，不影响质量及防治效果。

16. 甾烯醇

作用特点：本品是植物源病毒病抑制剂，活性成分全部来源于植物，对人、畜、环境和作物兼容性好。喷施后，被植物叶片吸收，能够直接抑制病毒复制，具有钝化病毒的作用。同时能够通过诱导寄主产生抗性，间接阻止病毒侵染。

毒性：微毒。

注意事项：本品不建议与强酸性农药等物质混用。

17. 茶皂素

作用特点：是一种纯天然植物提炼而成的杀虫、杀螨剂，高效、广谱、用量少。作用机制为茶皂素通过胃毒作用直接杀灭害虫，同时对害虫具有一定的驱避作用。对人、畜低毒，不污染环境。药效持久，耐雨水冲刷，潮湿天气施药效果更好，对作物无药害。

毒性：低毒。

注意事项：本品每季使用不得超过2次。本品不得与碱性物质混用，不得与含铜杀菌剂混用。本品对鱼和家蚕有一定毒性，使用时避开水产养殖区和桑园等场所。

18. 螺威

作用特点：从油茶科植物的种子中提取的五环三萜类物质。易于与血红细胞壁上的胆甾醇结合，生成不溶于水的复合物沉淀，破坏血红细胞的正常渗透性，使细胞内渗透压增加而发生崩解，导致溶血现象，从而杀死软体动物钉螺。

毒性：低毒。

残留情况：在自然环境中易于降解。

注意事项：该制剂只被批准用于滩涂，不能用于沟渠。使用该药剂后，不可在田中践踏，以免影响药效。

（五）天敌生物

1. 松毛虫赤眼蜂

作用特点：该种天敌昆虫可将卵产在松毛虫、玉米螟等害虫的卵粒内，并以它们为食料最终导致其死亡。通过人工释放，可起到消灭松毛虫、玉米螟等害虫的作用，并且持效期长。能够在当地越冬的松毛虫赤眼蜂，翌年以后仍然会起到控制害虫的作用，长期维持着对害虫的防治效果。在温暖地区这种持效性更长。

毒性：低毒。对人、畜和天敌动物无毒、无害。

注意事项：本品为活体生物，不能与触杀性化学农药同时使用。应在非养蚕地区、非相关动物保护区和经过风险评估的地区使用。取回后即释放到田间。放蜂器具要防止阳光直射，放蜂时悬挂于植物叶片背部。放蜂时遇小雨，可冒雨放蜂。如遇大雨停止放蜂，可放在阴凉处平摊开放置，雨停后立即放蜂。矮小植株放蜂器具尽量放在植株上部，高大植株放蜂器具放在植株中上部。

2. 平腹小蜂

其他名称： 蝽蝶神蜂。

作用特点： 是荔枝蝽象卵期的主要寄生性昆虫。

毒性： 微毒。

3. 丽蚜小蜂

作用特点： 温室白粉虱的专性寄生天敌昆虫。丽蚜小蜂在温室中通常可存活10~15 d，成蜂为了获得营养可直接刺吸粉虱若虫的体液而造成粉虱死亡，并可在粉虱3~4龄若虫体内产卵寄生，到粉虱若虫4龄后因丽蚜小蜂卵发育快而引起粉虱死亡。丽蚜小蜂成虫活泼，搜寻粉虱的能力强，扩散半径可达100 m以上，故在温室内放入丽蚜小蜂可有效地防治温室白粉虱，并且无公害、无污染。

剂型： 因制作蛹卡形式不同，分为卡片式卡、书本式卡和袋卡等。

毒性： 对人、畜和天敌无毒、无害，无残留，不污染环境。

注意事项： 蛹卡的储存温度在11~13 ℃，可储存20 d；黑蛹储存后2~3 d即开始羽化。丽蚜小蜂释放后，在蛹期用农药百菌清、乙膦铝、硫菌灵（托布津）、甲霜灵（瑞毒霉）、三唑酮（粉锈宁）等对丽蚜小蜂的羽化影响不大，因此，释放小蜂后，应选择性使用农药。同时，在蛹期使用，仍可达到防治效果。但菊酯类杀虫剂、氧乐果和乐果可将小蜂全部杀死，应严禁使用。

4. 岭南蚧小蜂

作用特点： 岭南蚧小蜂用介壳虫人工扩繁。雌蜂产卵于2龄介壳虫的壳下和未交配的雌介壳虫的体表。未交配的雌介壳虫释放的招引雄介壳虫的性激素对寄生性雌蜂同样也有吸引作用。蜂卵孵化后的幼虫无足，主要吸取介壳虫体内的汁液。介壳虫的各个阶段都可被其寄生。幼虫在介壳虫体内发育一直到化蛹，然后羽化、交配，再继续产卵寄生。其成虫也以介壳虫为食。一只寄生蜂一生平均可杀死30头介壳虫。雌蜂在介壳虫的壳变软准备交配时将卵产于其壳下，随介壳虫个体大小的不同，雌蜂在每头介壳虫身体上可产1~5粒卵不等，平均每天可寄生6头介壳虫。该寄生蜂从卵发育到成虫需12~13 d，在有足够食物的情况下，成虫可存活26 d左右。因为有介壳虫释放的性激素的吸引，所以其寄生效率较高。但在高温、低温或湿度较低的条件下寄生率会降低。成虫也可取食花蜜，因此蜜源植物有助于其对介壳虫的寄生。

剂型：即将羽化的蛹（以衬有湿纸并装有冰块的盒子或密封的塑料容器包装）。

毒性：对人无过敏或其他有害反应，对哺乳动物无急性或慢性毒性，对眼睛和皮肤无刺激或过敏反应。

注意事项：树龄较小的果园几乎不能给寄生蜂提供庇护场所，因而不适合释放。温度或湿度特别低的条件下也不宜释放。蚂蚁对其防治效果有一定影响。铜制剂和叶面肥对该蜂一般没有影响，但有机磷杀虫剂对其有毒杀作用，一般在有机磷杀虫剂使用后，至少要等4周才可释放。于15~19 ℃储存于隔热的容器中，避免阳光直射。

5. 桃赤蚜蚜茧蜂

作用特点：桃赤蚜蚜茧蜂用桃蚜人工扩繁。雌蜂产卵于蚜虫体内。孵化后的幼虫一直在寄主体内生活，被寄生的蚜虫继续取食并能传播植物病毒病。末龄幼虫在蚜虫体内化蛹后，蚜虫变为僵蚜。羽化的成虫通过一小圆孔中爬出。雌蜂一生（约7 d）可寄生100~200头蚜虫。蚜虫种群在受到该寄生蜂侵袭后可产生一种报警激素使其他蚜虫从叶片上滚落或逃离。该寄生蜂可寄生数种蚜虫，特别对桃蚜的寄生效率更高，对棉蚜无控制作用，对个体小、非常分散的蚜虫也具有很强的搜索能力。

剂型：成虫。

毒性：田间使用后对人无过敏或其他有害反应。

注意事项：于5~10 ℃储存，避免阳光直射。购买后在推荐储存条件下可储存5 d，但立即施用效果更佳。释放该寄生蜂时不能同时使用黄色诱蚜板，但可使用蓝色板。蚂蚁对蚜虫的保护可能影响该蜂的寄生效率。

6. 巴氏钝螨

作用特点：巴氏钝螨用麸皮人工扩繁。成螨产卵于叶背面中脉和侧脉的叶腋处，刚孵化的幼螨不取食。第一若螨、第二若螨及成螨主动移动取食。捕食时以口器刺穿猎物，吸取汁液。随龄期、温度和湿度的不同，每头螨每天可捕食1~5头蓟马幼虫，一生可捕食85头左右。不捕食成虫。该捕食螨可以花粉为食，因此可在蓟马发生之前导进温室，使其建立种群。但在产生花粉较多的作物上，该螨对蓟马的控制效果可能降低，需增加释放量。

剂型：与蛭石的混合物（含10 000~50 000头/L），有时与库库姆卡斯植绥螨及麸皮混合使用。

毒性：可能引起操作人员的过敏。无其他有害反应。

注意事项：对杀虫药剂和苯并咪唑类杀菌剂敏感，在释放期间禁止使用。在叶片平滑的作物上释放效果最好。于15~20 ℃储存，不宜冷藏，避免阳光直射。在推荐储存条件下最多可保存5 d。

7. 白翅小花蝽

作用特点：白翅小花蝽用植食性软体昆虫的卵、幼虫、若虫或成虫人工扩繁。从若虫到成虫的各个阶段均能捕食小型昆虫。同时也捕食其他的花蝽科昆虫和一些天敌昆虫。成虫的飞行能力相当强，而且能很容易找到寄主。

剂型：成虫，含有运输过程中所需的食物。

毒性：对人无过敏或其他有害反应。

注意事项：在农药的有效期内禁止释放。环境温度在22 ℃左右时效果好。于5~10 ℃储存，避免阳光直射，购买后应尽快释放。

8. 斑腹刺益蝽

作用特点：若虫和成虫均可捕食害虫的卵和低龄幼虫。斑腹刺益蝽移动性强，可有效捕食鳞翅目和鞘翅目害虫。

剂型：盒装的各龄期的若虫（主要为3龄或4龄），或盒装的成虫和纸屑的混合物，每盒100头。

毒性：对人无过敏或其他有害反应。

注意事项：在生长季节的早期不宜释放。对大多数常用杀虫药剂敏感，禁止在农药的有效期内释放。可于8~10 ℃黑暗条件下储存3 d。

9. 食蚜瘿蚊

作用特点：食蚜瘿蚊主要以棉蚜或其他蚜虫进行人工扩繁，也常用甜椒、茄子或大豆饲养的桃蚜或豆蚜繁殖。成虫多于晚上或黄昏出来活动，如交配、产卵等。白天一般隐藏在作物叶片背面或近地面的蜘蛛网下。捕食蚜虫时，先将一种麻痹毒素注入蚜虫体内，使其体内的物质溶解（不到10 min）后再吸食。随着幼虫生长，对蚜虫的捕食量也增大。当蚜虫大量存在时，其杀死的蚜虫远远多于被其吃掉的蚜虫。秋季随日照变短和气温降低，食蚜瘿蚊的老熟幼虫钻入地下2 cm处结茧进入滞育。在温室中可通过补充照明（60 W/200 m^2）而避免其滞育。一头食蚜瘿蚊在整个幼虫阶段可捕食10~100头蚜虫。其最佳捕食温度为19~28 ℃。成虫以蜜露为食。雌蚊具有很强的搜索能力，能很容易地找到被蚜虫为害的植株。蚜虫种群数量越大越适合其产卵，从而能使瘿蚊迅速扩散到整个温室。

剂型：瓶装的蛹与蛭石的混合物，裹以潮湿的棉花。也有成虫出售。

毒性：食蚜瘿蚊对人、畜无毒无害，不为害其他天敌昆虫，不污染环境。

注意事项：在蚜虫发生初期释放，使食蚜瘿蚊幼虫孵出后即获得食料。在释放的温室和大棚内，不宜再喷洒杀虫剂。购入的食蚜瘿蚊虫盒不能及时使用时，可放在冰箱低温保存。在1 ℃条件下，可保存1个月；在5 ℃条件下，可保存8个月。不要用水管直接给作物喷水，以免将瘿蚊幼虫冲掉。可与其他蚜虫寄生性天敌配合使用。

10. 中华草蛉

其他名称：草蜻蛉、蚜狮。

作用特点：中华草蛉抗逆性和捕食能力强，自然分布区域广。中华草蛉成虫捕食叶螨及鳞翅目害虫的卵，对蚜虫的捕食不如其幼虫。幼虫的活动力很强，捕食范围广，包括蚜虫、粉虱及多种鳞翅目害虫的低龄幼虫和卵，如地老虎、棉铃虫、斜纹夜蛾等。中华草蛉幼虫对柑橘全爪螨的捕食量在整个幼虫期为1 013~2 381头，平均为1 435

头；对麦蚜的捕食量为71~165头，平均为138头；对橘蚜的捕食量为164~673头，平均为349头。据研究，中华草蛉幼虫对猎物有较强的选择性，其喜食的顺序是棉蚜＞棉铃虫卵＞棉铃虫初孵幼虫。中华草蛉成虫的寿命春季为50~60 d，夏季为30~40 d，雌虫寿命比雄虫长。

剂型：成虫、幼虫、卵箔。

毒性：中华草蛉对人、畜和天敌动物无毒、无害，无残留，也不污染环境。

注意事项：草蛉的释放主要在保护地的温室、大棚内进行。有条件的果园也可应用，但释放量应适当增加。购入不同剂型的草蛉，均应及时释放，尽可能避免储藏。释放时要注意均匀分布，保证防治效果。在释放草蛉后，不宜再喷施杀虫剂。

11. 七星瓢虫

其他名称：花大姐、麦大夫、豆瓣虫。

作用特点：每年发生世代数因地区不同而异。七星瓢虫成虫寿命长，平均77 d，以成虫和幼虫捕食蚜虫、叶螨、白粉虱、玉米螟、棉铃虫等的小幼虫和卵。七星瓢虫捕食量的大小与气温和猎物密度有关。以捕食蚜虫为例，在猎物密度较低时，捕食量随密度上升而呈指数增长；在密度较高时，捕食量则接近极限水平。气温高的条件下，影响七星瓢虫和猎物的活动能力，捕食率提高。据统计，七星瓢虫对烟蚜的平均日取食量为：1龄10.7头，2龄33.7头，3龄60.5头，4龄124.5头，成虫130.8头。七星瓢虫在近80 d的生命期可取食上万头蚜虫。

剂型：成虫、蛹筒、幼虫筒、卵液。

毒性：七星瓢虫对人、畜和天敌动物无毒、无害，无残留，不污染环境。

注意事项：购入不同剂型的七星瓢虫后，应及时释放到田间。释放后要进行田间调查，瓢蚜比过低时，应酌情补放。

12. 异色瓢虫

作用特点：用螟蛾卵或蚜虫人工扩繁。幼虫在气温高于11~12 ℃时活动频繁。在食物缺乏时，幼虫会自相残杀。成虫不取食也可以存活几天。整个幼虫阶段和成虫均可捕食蚜虫，也可以取食介壳虫和鳞翅目昆虫的卵。该瓢虫移动性很强，可在很大范围内搜寻寄主，迅速控制蚜虫的数量，其速度与使用化学农药相当。

剂型： 盒装的幼虫，并带有食物（一般为粉螟卵）以供运输过程中取食。

毒性： 对人无过敏或其他有害反应。

注意事项： 释放前和释放后的1个月内避免喷洒农药。幼虫储存于阴凉黑暗处，避免阳光直射。

13. 集栖瓢虫

作用特点： 集栖瓢虫成虫交配后于叶背产大量成簇的橙色卵，孵化后的幼虫为黑色带有橙色斑点。幼虫和成虫均可捕食蚜虫。1头瓢虫在幼虫期可捕食约400头蚜虫，成虫期可捕食约5 000头。集栖瓢虫是一种非常有效的多食性昆虫，在气温较低时捕食效率更高，移动性也很强。但刚羽化的成虫需取食花蜜或花粉以补充营养，如果田间没有，则需人工提供。

剂型： 野外采集的成虫，装于盛有锯末的盒中。

毒性： 对人无过敏或其他有害反应。

注意事项： 释放前和释放后的1个月内避免喷洒农药。于冰箱中可冷藏3个月，避免阳光直射。如果在室温下保存，不应超过2 d。

14. 芜菁夜蛾线虫

其他名称： 斯氏线虫、小卷蛾线虫。

作用特点： 杀死害虫的机制是侵入幼虫或蛹内进行繁殖，并带入一种共生细菌（嗜线虫无色杆菌）产生毒素，引起害虫产生败血症，发育受阻而死亡。一般只需30~48 h就可以杀死害虫。

剂型： 1亿条活线虫泡沫塑料吸块袋。

毒性： 对人、畜安全，不杀伤天敌，无残留，不污染环境。

注意事项： 施药应选在高温条件下进行，一般宜在20~30 ℃，防治效果更好。本剂对高温、干燥和紫外线敏感，应现配现用，不宜在水中浸泡时间过长，以防浸死线虫。因本剂为活体生物制剂，应在阴凉低温（10 ℃左右）处保存。

15. 微孢子虫

其他名称： 蝗虫瘟药。

作用特点： 本剂为微孢子虫浓缩液，是东亚飞蝗虫体经感染微孢子虫后养殖35~40 d，再集中死虫粉碎、过滤、浓缩制成。微孢子虫杀灭蝗虫的机制是在蝗虫体内繁殖使其器官发育受阻，导致死亡。早期施该药防治，可提高防治效果。

剂型： 高浓缩水剂。

毒性： 本剂对人、畜无毒、无害，无残留，不污染环境。

注意事项： 微孢子虫灭蝗死亡速度慢，应在蝗蝻2~3龄期施用，晚期施药蝗虫死亡率低，不能控制作物受害。需连年施药。在干旱的草原地带，第1年施药后，第2~3年应连续施药，使得蝗虫全面感染，发挥持效作用，有利于降低蝗虫密度，减轻受害，起到改造蝗虫基地的作用。本剂为活体制剂，购入前在-10 ℃条件下保存，购买之后应冷储快运。制成饵料后，在施药前要放阴凉处，防止阳光暴晒，并尽快撒入田间。

五、葡萄全生育期病虫害防治

1. 萌芽前

惊蛰以后，温度稳步回升，树体开始活动，葡萄进入吐绒期到绒球见绿阶段（图4-1~图4-3）。

图4-1　葡萄萌芽前枝干发芽

图4-2　吐绒期

图4-3　绒球见绿

1.1 防治对象

各种越冬病菌、虫卵、螨类。葡萄园尤其成龄果园在经过上一年的生长生产之后，在园地当中积累了大量的病菌和虫卵等，这些病菌和虫卵为了进行自我繁衍，会以多种形式在葡萄园土壤、树体、枯枝落叶及架杆等多处进行越冬。待到翌年温度、湿度等达到病虫活动的要求时（惊蛰前后），会再次开始活动繁殖，为害树体。

1.2 防治措施

（1）清园：剥除老翘皮，剪除病残枝，树体伤流前完成树体复剪工作；人工抹除树体、立柱、架材上的虫卵；将枯枝落叶等集中带出园地，进行烧毁或深埋；喷施清园药剂等，以消灭越冬病虫卵等（图4–4）。

图 4-4 清园

（2）清园药剂：常见清园药剂是通过石硫合剂的强碱性，进行病菌、虫卵的灼烧、触杀，同时进行外界病菌等的隔绝，起到保护作用。可用45%石硫合剂结晶粉150倍液，或24%甲硫・己唑醇悬浮剂1 000倍液+15%氯氟・吡虫啉悬浮剂1 000倍液+32%联苯・噻虫嗪悬浮剂20~30 mL/亩喷雾等。

2. 2~3叶期

2~3叶期时，叶片陆续展开，新梢进入快速生长阶段，幼嫩组织增多，各类病虫集中潜入侵染（图4–5）。必须做好新梢叶片等的安全防护工作，同时注意前期低温下绿盲蝽等刺吸式害虫的防控。

图 4-5 病虫侵染

2.1 防治对象

主要病害：黑痘病、灰霉病、白腐病、白粉病等。

主要害虫：绿盲蝽、蚜虫、金龟子等。

2.2 防治措施

（1）清园，消灭越冬虫卵。

（2）灯诱、醋诱、粘虫板捕杀害虫。

（3）药剂防治，建议使用3次杀菌剂，1~2次杀虫剂。常见药剂：45%唑醚·甲硫灵悬浮剂1 500倍液+1.8%阿维菌素乳油1 000倍液；80%代森锰锌可湿性粉剂800倍液+4.5%高效氯氰菊酯乳油1 000倍液；45%唑醚·甲硫灵悬浮剂1 500倍液+40%苯醚甲环唑悬浮剂4 000倍液+15%氯氟·吡虫啉悬浮剂1 500倍液等。

3. 花序展露期

此时葡萄叶片有5~6片叶子展开，花序已清晰可见（图4-6）。早春多雨时节，重点防治黑痘病发生。

3.1 防治对象

主要病害：灰霉病、黑痘病等。

主要害虫：绿盲蝽、红蜘蛛、斑衣蜡蝉等。

3.2 防治措施

（1）苗木消毒、利用抗病品种。

图 4-6 葡萄花序展露期

（2）生物防治，采用斑衣蜡蝉天敌螯蜂对其进行捕杀。

（3）药剂防治，常见药剂：80%代森锰锌可湿性粉剂500~800倍液+10%多抗霉素B可湿性粉剂1 000~1 500倍液+15%氯氟·吡虫啉悬浮剂1 500倍液；40%嘧霉胺悬浮剂1 500倍液+30%敌百虫乳油1 000倍液等。

4. 花序分离期

花序基本长成，花蕾相互分离（图4-7）。此期打理果苗可促进果穗发育，提高坐果。此期是葡萄灰霉病和穗轴褐枯病的发病初期，也是白腐病的传播期、炭疽病的传染期，应施用广谱性好、药效好的杀菌剂。

4.1 防治对象

主要病害： 灰霉病、穗轴褐枯病、白腐病等。

主要害虫： 红蜘蛛、绿盲蝽等。

4.2 防治措施

（1）清除病源、加强栽培管理。

（2）选用抗病品种。

（3）药剂防治，常见药剂：58%甲霜·锰锌可湿性粉剂1 000倍液、50%嘧菌酯水分散粒剂1 500~2 000倍液、40%嘧霉胺悬浮剂1 000倍液、50%多菌灵可湿性粉剂500~1 000倍液、36%甲基硫菌灵悬浮剂800~1 000倍液等。

图4-7 葡萄花序分离期

5. 开花期

开花期是营养生长和生殖生长并行、转换的关键时期，也是人为干预（抹芽、摘心、花序整形等）最多的时期（图4-8）。开花期植株最为虚弱，易受到多种病菌侵染，也是最容易发生药害、造成落花的敏感时期。此时期应重点防治灰霉病和霜霉病，兼防黑痘病，同时注意硼肥的补充（图4-9），保证花期安全（基本穗型和丰产基数）。

图4-8 葡萄开花期

图4-9 缺硼症初期叶片叶缘褪绿

5.1　防治对象

主要病害：灰霉病、炭疽病、白腐病、霜霉病、穗轴褐枯病等。

主要害虫：绿盲蝽、蓟马等。

5.2　防治措施

（1）清园，减少越冬虫卵病源。

（2）粘虫板、杀虫灯诱杀害虫。

（3）药剂防治，常见药剂：40%咯菌腈悬浮剂3 000~4 000倍液+40%烯酰吗啉悬浮剂1 500~2 000倍液+250 g/L嘧菌酯悬浮剂700~900倍液+液体硼肥2 000倍液；36%甲基硫菌灵悬浮剂800~1 000倍液+液体硼肥1 500倍液+糖醇锌肥1 500倍液等。

6. 落花后

葡萄落花后，要与花期用药配合，防好花果病害，这次用药要和花期用药相交叉，以增强防治效果，同时注意添加增效展布剂和微量元素锌肥，以防止大小粒情况的发生（图4-10、图4-11）。

图4-10　葡萄落花后

图4-11　葡萄缺锌症（小叶病）

6.1　防治对象

主要病害：灰霉病、炭疽病、白腐病、溃疡病、霜霉病、白粉病、穗轴褐枯病等。

主要害虫：绿盲蝽、斑衣蜡蝉等。

6.2 防治措施

落花后是防治病害的最关键时期，重点防治霜霉病和穗轴褐枯病，兼防灰霉病，同时注意锌肥的补充。

（1）清除落叶、病枝深埋或烧毁。

（2）清园时将园内的杂草特别是豆科等阔叶杂草清除干净，防止绿盲蝽寄生。

（3）药剂防治，常见药剂：40%苯醚甲环唑悬浮剂4 000~5 000倍液+40%嘧霉胺悬浮剂1 500~3 500倍液；25%嘧菌酯水分散粒剂1 000~2 000倍液+80%代森锰锌可湿性粉剂500~800倍液等。

特别提醒：坐果后至套袋前防止果面污染是药剂选择的标准，应选择悬浮剂、水乳剂等高端的水性化剂型药剂。避免使用乳油、可湿性粉剂等常规剂型，保护果粉完整。

同时，注意药剂间的合理轮换、配合使用，提高药效。果实类病害（如黑痘病、白腐病、炭疽病）是本阶段关注重点。

7. 幼果期

花的残留物脱落，幼果开始膨大，果穗逐渐成为悬挂状态（图4-12、图4-13）。此时期是规范化防治的关键期，一般7~15 d用一次药，可选用广谱且药效长、药斑轻、对幼果安全的药。

图4-12 葡萄小幼果期

图4-13 葡萄大幼果期

7.1　防治对象

主要病害：霜霉病、炭疽病、白粉病、黑痘病、白腐病、溃疡病等。

主要害虫：绿盲蝽、蓟马、金龟子等。

7.2　防治措施

（1）彻底清除病穗、病蔓和病叶等，以减少菌源。

（2）粘虫板、杀虫灯诱杀害虫。

（3）药剂防治，常见药剂：70%吡虫啉水分散粒剂7 000倍液；80%代森锰锌可湿性粉剂500~800倍液+40%烯酰吗啉悬浮剂1 600~2 400倍液；25%嘧菌酯悬浮剂1 000~2 000倍液等。

8. 套袋前

此时对果穗进行疏粒，等待葡萄坐稳果。果实套袋前，必须针对果穗用药，此时期是防治黑痘病和霜霉病的关键时期（图4-14）。

图 4-14　葡萄套袋前

8.1　防治对象

主要病害：黑痘病、白腐病、白粉病、锈病、炭疽病、灰霉病、溃疡病、酸腐病等。

主要害虫：蓟马、夜蛾等。

8.2　防治措施

（1）彻底清园、苗木消毒。

（2）利用天敌小花蝽和姬猎蝽抑制蓟马的发生。

（3）药剂防治，常见药剂：50%唑醚·丙森锌水分散粒剂800~1 200倍液+5%己唑醇微乳剂1 500~2 500倍液；40%苯醚甲环唑悬浮剂4 000~5 000倍液+2%阿维·高氯乳油3 000~4 000倍液等。

9. 套袋后

葡萄果实套袋栽培具有改善果面光洁度、提高着色、预防病虫害、减少农药使用次数、降低果实中农药残留及鸟类危害等优点。套袋后，要注意中量、微量营养元素的使用，比如钙、锌、硼等（图4–15、图4–16）。

图 4–15　葡萄套袋后

图 4–16　葡萄缺钙病果

9.1　防治对象

主要病害：霜霉病、炭疽病、褐斑病、灰霉病、溃疡病等。

主要害虫：蓟马、红蜘蛛等。

9.2　防治措施

（1）彻底清除病穗、病蔓和病叶等，以减少菌源。

（2）架设防鸟网、人工驱鸟、置物驱鸟等。

（3）药剂防治，常见药剂：58%甲霜·锰锌可湿性粉剂1 000倍液+25%己唑醇悬浮剂8 350~11 000倍液+2%阿维·高氯乳油3 000~4 000倍液等。

10. 转色成熟期

该时期的重点工作是保叶、确保养分供应、保证果实正常成熟。此时期为防治黑霉病和酸腐病的关键时期，霜霉病容易大暴发，应重点防治（图4–17）。

（a）开始转色　　（b）转色中　　（c）转色完成

图 4-17　葡萄转色成熟期

10.1　防治对象

主要病害： 溃疡病、炭疽病、白腐病、酸腐病、黑霉病、霜霉病。

主要害虫： 红蜘蛛等。

10.2　防治措施

（1）及时整枝，抬高结果部位，及时除草，注意排水。

（2）药剂防治，常见药剂：45%唑醚·甲硫灵悬浮剂1 000~1 500倍液+40%苯醚甲环唑悬浮剂4 000~5 000倍液+5%阿维·哒螨灵乳油1 000~2 000倍液+0.2%磷酸二氢钾；40%苯甲·吡唑酯悬浮剂1 500~2 000倍液+0.2%磷酸二氢钾+0.3%苦参碱水剂600~800倍液等。

霜霉病暴发后救灾方案：叶片霜霉病暴发后应立即用药剂防治，两天后病情控制后，必须再用一次药进行巩固；果实霜霉病暴发后，剪除发病的果粒或果穗，对受侵染的果穗重点进行蘸穗或喷穗处理，同时对全园进行喷穗。

11. 采收后

果实采收后重点是保叶，保持叶片正常的光合作用，持续地为树体提供养分，保证花芽的完全发育和枝条的正常老熟，为翌年的发芽、抽梢和花序形成奠定坚实的基础（图4-18）。

11.1　防治对象

主要病害： 霜霉病、白粉病、褐斑病等。

主要害虫：斜纹夜蛾、红蜘蛛等。

11.2　防治措施

此时期主要防治的病害是霜霉病、褐斑病和白粉病（图4-19），主要害虫是斜纹夜蛾幼虫，对药剂无特殊要求，可选择80%硫黄水分散粒剂500~1 000倍液、10%高效氯氟氰菊酯水分散粒剂2 000~3 000倍液、1%苦皮藤素水乳剂4 000~5 000倍液、21%氰戊·马拉松乳油3 000~4 200倍液等性价比较高的常规产品。

此时期用药要注意浓度的选择，不宜过高，容易烧叶，同时药液沉积在叶片表面，容易堵塞气孔，影响正常的光合作用，应做到均匀周到，树体、架材和地面应喷施到位。

图 4-18　采收后葡萄园

图 4-19　霜霉病、白粉病混发